PUBLICATIONS SCIENTIFIQUES, INDUSTRIELLES DE E. LACROIX.

COURS ÉLÉMENTAIRE

DE

SCIENCES MATHÉMATIQUES

PHYSIQUES ET MÉCANIQUES

APPLIQUÉES

AUX ARTS INDUSTRIELS

À L'USAGE

DES ÉLÈVES DES ÉCOLES IMPÉRIALES D'ARTS ET MÉTIERS

ET DES ÉCOLES PROFESSIONNELLES

Par J. JARIEZ

CHEVALIER DE LA LÉGION D'HONNEUR,
Ancien sous-directeur des Écoles de Châlons et d'Aix, ancien professeur de mécanique
à l'École d'Angers,
Fondateur et directeur de l'École d'arts et métiers de Lima (Pérou).

ARITHMÉTIQUE

SIXIÈME ÉDITION

PARIS

LIBRAIRIE SCIENTIFIQUE, INDUSTRIELLE ET AGRICOLE

Eugène LACROIX, Editeur

LIBRAIRE DE LA SOCIÉTÉ DES INGÉNIEURS CIVILS

15, quai Malaquais, 15

COURS ÉLÉMENTAIRE

DE SCIENCES MATHÉMATIQUES

———

ARITHMÉTIQUE

OUVRAGES

COMPOSANT

LE COURS ÉLÉMENTAIRE DE SCIENCES MATHÉMATIQUES, PHYSIQUES ET MÉCANIQUES

A L'USAGE

DES ÉCOLES D'ARTS ET MÉTIERS ET DES ÉCOLES PROFESSIONNELLES

PUBLIÉS PAR M. JARIEZ.

Tome Ier. **Cours d'arithmétique,** 1 vol. in-8, 224 p.   3 fr. 50

Tome II. **Notions d'algèbre et de trigonométrie,** suivies de quelques applications au lever des plans, 1 vol. in-8, 336 p. et planches.   5   »

Tome III. **Cours de géométrie descriptive** et son application au dessin des machines, 1 vol. in-8, 195 p. et 13 pl.   6   »

Tome IV et V. **Cours élémentaire de mécanique industrielle,** 2e édition. 2 vol. in-8, ensemble 815 p. et atlas de 12 pl.   14   »

28 fr. 50

Le cours complet.   25   »

Curso completo de ciencias matematicas, fisicas y mecanicas, aplicadas a las artes industriales.

Tome I. **Aritmetica,** 1 vol. in-8, 252 p.   5 fr. »

Tome II. **Algebra y trigonometria,** 1 vol. in-8, 346 p.   6   »

Tome III. **Geometria elemental,** 1 vol. in-8, 498 p.   7   »

Tome IV. **Geometria descriptiva,** 1 vol. in-8, 182 p. et 13 pl. in-4.   7   »

Tomes V et VI. **Mecanica industrial,** 2 vol., ensemble 812 p. et atlas de 16 pl. in-fo.   16   »

41   »

Le cours complet.   35   »

Paris. — Typographie HENNUYER ET FILS, rue du Boulevard, 7.

PUBLICATIONS SCIENTIFIQUES, INDUSTRIELLES DE E. LACROIX.

COURS ÉLÉMENTAIRE

DE

SCIENCES MATHÉMATIQUES

PHYSIQUES ET MÉCANIQUES

APPLIQUÉES

AUX ARTS INDUSTRIELS

A L'USAGE

DES ÉLÈVES DES ÉCOLES IMPÉRIALES D'ARTS ET MÉTIERS

ET DES ÉCOLES PROFESSIONNELLES

Par J. JARIEZ

CHEVALIER DE LA LÉGION D'HONNEUR,

Ancien sous-directeur des Écoles de Châlons et d'Aix, ancien professeur de mécanique
à l'École d'Angers,
Fondateur et directeur de l'École d'arts et métiers de Lima (Pérou).

SIXIÈME ÉDITION

TOME Ier

ARITHMÉTIQUE

PARIS

LIBRAIRIE SCIENTIFIQUE, INDUSTRIELLE ET AGRICOLE

Eugène LACROIX, Editeur

LIBRAIRE DE LA SOCIÉTÉ DES INGÉNIEURS CIVILS

25, quai Malaquais, 25

1864

COURS

D'ARITHMÉTIQUE

A L'USAGE

DES ÉLÈVES DES ÉCOLES D'ARTS ET MÉTIERS

PREMIÈRE PARTIE

NUMÉRATION DES NOMBRES ENTIERS ET DÉCIMAUX.

1. *Définition des mots quantité, unité, nombre, nombre entier, fraction, nombre fractionnaire, arithmétique, numération.* — On appelle *grandeur* ou *quantité* tout ce qui est susceptible d'augmentation ou de diminution : une longueur, une étendue superficielle, un poids, etc., sont des quantités ou des grandeurs.

Toute quantité pouvant ainsi être plus grande ou plus petite qu'une autre de même espèce qu'elle, pour se faire une idée de sa grandeur on la compare à une autre de la même espèce, à laquelle on donne le nom d'*unité*.

L'*unité* est donc une grandeur constante, prise arbitrairement, à laquelle on compare toutes les quantités de même espèce.

Il y a autant d'unités que d'espèces de quantités.

On appelle *nombre* le résultat de la comparaison d'une grandeur à son unité : si cette grandeur contient exactement son unité, le nombre qui en résulte s'appelle *nombre entier;* si la grandeur est plus petite que l'unité, le nombre est une *fraction;* si la grandeur surpasse l'unité sans la contenir exactement, le nombre est un *nombre fractionnaire.*

Ainsi, un *nombre entier* est la collection de plusieurs unités de même espèce; une *fraction* est une partie de l'unité; un *nombre fractionnaire* est l'assemblage d'une ou de plusieurs unités de même espèce, et d'une partie d'unité de la même espèce.

L'*arithmétique* est la science des nombres : elle a pour objet d'étudier leur formation, la manière de les représenter, et enfin d'effectuer sur eux toutes les opérations possibles.

La *numération* a pour objet de représenter tous les nombres par des mots et des caractères; elle se divise en deux parties : la *numération parlée*, qui s'occupe de la représentation des nombres à l'aide d'une quantité limitée de mots, et la *numération écrite*, qui apprend à les représenter à l'aide d'un petit nombre de caractères.

2. *Formation des nombres.* — Pour former tous les nombres, on est parti de l'unité, et cette unité a successivement été ajoutée à elle-même. Il a été nécessaire de donner à ces nombres des noms particuliers pour les distinguer les uns des autres. D'après cette manière de former les nombres, on conçoit qu'ils sont illimités, et que par conséquent il est indispensable de restreindre le nombre des mots qui doivent les représenter.

3. *Numération parlée.* — Les premiers nombres ont reçu les noms suivants :

Un, deux, trois, quatre, cinq, six, sept, huit, neuf, dix.

Ces diverses collections d'unités, moins la dernière, sont ce qu'on nomme des *unités du premier ordre* ou *des unités simples*. Pour éviter l'emploi d'une trop grande quantité de nouveaux noms pour les nombres suivants, on est convenu de prendre la collection nommée *dix* et d'en faire une nouvelle espèce d'unités, dite *du second ordre* ou *dizaine*, et de faire des collections de dizaines comme on avait fait des collections d'unités ; de sorte qu'on a dit :

Dix, deux-dix, trois-dix, quatre-dix... neuf-dix.

L'usage leur a substitué les mots suivants, qui les remplacent :

Dix, vingt, trente, quarante, cinquante, soixante, soixante-dix, quatre-vingts, quatre-vingt-dix,

et qui expriment également, savoir :

Dix, une collection de dix unités ;
Vingt, une collection de dix unités répétée deux fois ;
Trente, une collection de dix unités répétée trois fois.

. . . .

. . . .

Quatre-vingt-dix, une collection de dix unités répétée neuf fois.

Maintenant, pour nommer les nombres intermédiaires compris entre deux dizaines consécutives, on a fait suivre les noms précédents de ceux des unités simples. Ainsi, après dix, on a dit : *dix-un, dix-deux..... dix-huit, dix-neuf.* Après vingt : *vingt-un, vingt-deux..... vingt-neuf.* Et enfin, après quatre-vingt-dix : *quatre-vingt-onze, quatre-vingt-douze... quatre-vingt-dix-neuf.*

L'usage a consacré quelques exceptions. Au lieu de dix-un, dix-deux, dix-trois, dix-quatre, dix-cinq, dix-six, on dit : *onze, douze, treize, quatorze, quinze, seize.*

Tous les nombres ont donc ainsi été nommés depuis *un* jusqu'à *quatre-vingt-dix-neuf*, et cela avec les premiers mots inventés.

Pour nommer les nombres suivants, on remarque qu'une unité ajoutée au nombre quatre-vingt-dix-neuf complète dix collections de dix unités. On a donné un nouveau nom à cette collection de dix dizaines, on l'a appelée *cent* et l'on a fait de ce nouveau nombre une nouvelle espèce d'unités dite, du *troisième ordre* ou appelée *centaine*, de sorte qu'on a dit, comme pour les dizaines : *cent, deux cents, trois cents..... neuf cents*. Puis, pour nommer tous les nombres compris entre deux centaines consécutives, on est convenu de faire suivre le nom d'une collection de centaines des noms des quatre-vingt-dix-neuf premiers nombres déjà nommés. De sorte qu'on a dit :

Cent-un, cent-deux... cent-dix, cent-onze... cent-vingt... cent quatre-vingt-dix-neuf.

Deux cent un, deux cent deux..... deux cent quatre-vingt-dix-neuf.

. . . .

. . . .

Neuf cent un, neuf cent deux..... neuf cent quatre-vingt-dix-neuf.

En augmentant d'une unité ce dernier nombre, on complète une collection de dix centaines. Cette dernière collection a reçu le nom de *mille*, et l'on en a fait une nouvelle unité, dite du *quatrième ordre*. On a formé les nombres mille, deux mille..... neuf mille..... comme on avait formé une dizaine, deux dizaines..... neuf dizaines, comme on avait formé une centaine, deux centaines..... neuf centaines. Puis, entre deux unités consécutives de mille, on a inséré les neuf cent quatre-vingt-dix-neuf nombres déjà nommés, ce qui a conduit aux nombres :

Mille un, mille deux... mille neuf cent quatre-vingt-dix-neuf.
Deux mille un... deux mille neuf cent quatre-vingt-dix-neuf.

. . . .

. . . .

Neuf mille un... neuf mille neuf cent quatre-vingt-dix-neuf.

Continuant ainsi, le nombre suivant, qui comprend dix unités de mille, a reçu le nom de *dizaine de mille*, et ce nombre constitue une *unité du cinquième ordre;* dix unités du cinquième ordre en forment une du sixième, qui porte le nom de *centaine de mille*, et dix unités de ce dernier ordre en forment une du septième à laquelle on a donné le nom de *million*. A partir de ce dernier nom, tous les noms des autres nombres sont dérivés des premiers. Ainsi dix millions valent *une dizaine de millions;* dix dizaines de millions valent *une centaine de millions;* dix centaines de millions valent *un billion*, qui a lui-même ses dizaines et ses centaines ; *un trillion*, ses dizaines et ses centaines, etc.

4. *Remarque sur les unités dites d'ordre ternaire.* — On peut remarquer ici le petit nombre de mots qui ont été nécessaires pour nommer tous les nombres, en faisant dériver ces noms les uns des autres.

Il est également essentiel de remarquer que dix unités d'un ordre quelconque en valent une de l'ordre supérieur; mais que ces diverses unités sont elles-mêmes réunies en groupes que nous nommerons *unités principales* ou *d'ordre ternaire*. Ces unités principales sont les unités, les mille, les millions, les billions, les trillions, etc. Chacune de ces unités a ses dizaines et ses centaines propres, et vaut mille fois celle de l'ordre immédiatement inférieur. En effet, on dit :

Unité, dizaine, centaine ;
Mille, dizaine de mille, centaine de mille ;
Million, dizaine de millions, centaine de millions ;
Billion. . . . .
. . . .
Or, un mille vaut ainsi mille unités ;
Un million vaut mille mille ;
Un billion vaut mille millions ;
Et ainsi de suite.

Il est essentiel de bien constater cette division des unités en unités d'ordre ternaire, qui ont chacune leurs dizaines et leurs centaines ; car cette remarque nous facilitera beaucoup la lecture des nombres représentés par des caractères.

5. *Nombre concret, nombre abstrait.* — On appelle *nombre concret* celui dont l'espèce est désignée, tel que *cinq ouvriers*. On appelle *nombre abstrait* celui dont l'espèce n'est pas désignée, tel que *vingt-deux*.

Un nombre n'étant que le résultat de la comparaison d'une grandeur à son unité, il paraît naturel d'abord de ne s'occuper que des nombres concrets ; mais comme les résultats que l'on obtient, en effectuant des opérations sur les nombres, sont indépendants de la nature de l'unité, nous opérons donc sur les nombres en les considérant comme abstraits.

6. *Numération écrite. Convention sur laquelle elle est fondée. Tout chiffre a deux valeurs, l'une absolue, l'autre relative.* — Les neuf premiers nombres sont représentés par les caractères suivants :

$$1, 2, 3, 4, 5, 6, 7, 8, 9,$$

qu'on nomme des *chiffres.* Ces neuf caractères, accompagnés d'un dixième, nommé *zéro,* dont voici la forme :

$$0$$

et dont nous expliquerons bientôt l'usage, suffisent pour représenter tous les nombres possibles.

On parvient à représenter tous les nombres à l'aide d'une convention particulière dont voici l'énoncé :

Tout chiffre placé à la gauche d'un autre vaut dix fois plus que s'il était à sa place.

D'après cette convention, pour représenter le nombre dix, qui a pour valeur une dizaine, on se sert du même chiffre **1**, qui représente une unité ; mais on donne à ce chiffre une valeur dix fois plus grande, en le plaçant à la gauche du chiffre 0, qui n'a aucune valeur par lui-même, et qui ne sert qu'à en donner une particulière au chiffre qui le précède, ce qui donne **10**.

En suivant la même méthode pour représenter deux dizaines, trois dizaines..... neuf dizaines, les nombres :

dix, vingt, trente..... quatre-vingt-dix,

seront représentés par :

10, 20, 30.... 90,

Les nombres intermédiaires se composant d'une de ces collections de dizaines et d'une ou de plusieurs unités, pour les exprimer on remplacera successivement le zéro par les neuf premiers nombres, ce qui donnera :

10, 11, 12..... 19,

pour représenter :

dix, onze, douze, dix-neuf.

Puis :

20, 21, 22..... 29,

pour représenter :

vingt, vingt-un, vingt-deux..... vingt-neuf.

. . . .

. . . .

Et ainsi de suite jusqu'à :

90, 91..... 99,

pour représenter :

quatre-vingt-dix, quatre-vingt-onze, quatre-vingt-dix-neuf.

En s'appuyant sur la même convention, il est aisé de représenter le nombre suivant, ou *cent*. En effet, comme ce dernier nombre est une collection de dix dizaines, on peut employer le chiffre 1 pour le représenter, comme on a employé le même chiffre pour exprimer une collection de dix unités. Mais pour que ce chiffre puisse exprimer dix dizaines, nous placerons à sa droite deux zéros qui n'auront aucune valeur par eux-mêmes, et ne serviront qu'à tenir la place des dizaines et des unités. Nous écrirons donc :

100.

De cette manière, en effet, le chiffre 1 vaudra dix fois plus que s'il était à la place du zéro qui le suit. Or, ce zéro tient la place des dizaines ; donc le chiffre 1 ainsi placé vaut dix dizaines ou une centaine.

En suivant la même marche pour représenter deux centaines, trois centaines..... on aura :

$$100, \qquad 200..... \qquad 900,$$

pour représenter :

$$\text{cent,} \qquad \text{deux cents.....} \qquad \text{neuf cents.}$$

Enfin, pour représenter les nombres placés entre deux collections consécutives de centaines, on substituera au premier zéro de droite, successivement les neuf premiers nombres ; puis à la place des deux zéros, les nombres 10, 11, 12..... 99. On aura ainsi représenté tous les nombres jusqu'à *mille*.

Ce dernier nombre s'écrira :

$$1000 ;$$

car l'unité ainsi placée vaudra dix fois plus que si elle était à la place du zéro qui la suit. Or, ce zéro tient la place des centaines ; donc le nombre 1000 vaut dix centaines, ou un mille.

En continuant ainsi, on voit que les unités du premier ordre, ou les unités simples, occupent le premier rang à partir de la droite ; que les unités du deuxième ordre, ou les dizaines, occupent le deuxième rang ; que les unités du troisième ordre, ou les centaines, occupent le troisième rang. De même, les unités, les dizaines et les centaines de mille occupent les quatrième, cinquième et sixième rangs ; les unités, les dizaines et les centaines de millions occupent les septième, huitième et neuvième rangs ; ainsi de suite.

On parvient donc ainsi à représenter tous les nombres possibles à l'aide des dix caractères dont nous avons donné la figure

Cette manière de représenter tous les nombres nous conduit à remarquer qu'un chiffre a deux valeurs : l'une *absolue*, qui est la valeur de ce chiffre considéré isolément, l'autre *relative*, qui dépend de la place qu'il occupe dans l'écriture d'un nombre.

7. *Règles pour écrire un nombre énoncé et pour énoncer un nombre écrit.* — Il est facile maintenant de résoudre ces deux problèmes :

Écrire en chiffres un nombre énoncé.

Énoncer un nombre écrit en chiffres.

Comme chaque unité d'un ordre ternaire, c'est-à-dire les unités simples, les mille, les millions, etc., a séparément ses unités, ses dizaines et ses centaines, ces trois unités secondaires seront toujours représentées par trois chiffres dans l'écriture d'un nombre. L'unité ternaire de l'ordre le plus élevé pourra seule n'avoir que deux ou un seul chiffre.

D'après cela, *pour écrire en chiffres un nombre énoncé, on commencera par écrire les diverses unités de l'ordre ternaire le plus élevé ; on écrira ensuite à leur droite, celles de l'ordre ternaire immédiatement inférieur, et ainsi de suite jusqu'aux unités simples, en ayant soin de remplacer par des zéros les différents ordres d'unités qui pourraient manquer.*

Soit proposé d'écrire le nombre *sept millions cinquante-neuf mille trois cent huit :* nous écrivons le chiffre 7 pour représenter les unités de millions. Puis, comme dans cinquante-neuf mille, il n'y a que des unités de mille et des dizaines, nous mettrons un 0 pour tenir la place des centaines de mille, un 5 pour les dizaines de mille et un 9 pour les mille. Enfin, pour écrire trois cent huit, nous mettrons à la suite le chiffre 3 pour les centaines, 0 pour les dizaines et 8 pour les unités, ce qui donnera

7059308.

D'après la même remarque, chaque unité d'ordre ternaire ayant ses unités simples, ses dizaines et ses centaines, il suffira, pour énoncer ces nombres, de savoir énoncer un nombre de trois chiffres ; car chaque tranche de trois chiffres, cette division étant opérée à partir de la droite, porte des noms particuliers, qui sont : unité, mille, million..... Or, un nombre de trois chiffres, comme 538, s'énonce très-simplement en nommant les diverses unités dont il se compose, *cinq cent trente-huit.* Il suffira donc d'ajouter à l'énoncé d'une tranche le nom des unités ternaires qu'elle représente.

Donc, *pour énoncer en langage ordinaire un nombre écrit en chiffres, on partage ce nombre en tranches de trois chiffres, à partir de la droite, sauf à ne laisser que deux, ou même qu'un seul chiffre dans la dernière tranche à gauche. Puis, commençant par cette tranche, on les énonce toutes successivement, comme si elles étaient seules, en terminant leur énoncé par le nom des unités ternaires que chaque tranche représente.*

Soit le nombre 6509008437, on l'énoncera : *six billions cinq cent neuf millions huit mille quatre cent trente-sept.*

8. *Comment on rend un nombre* 10, 100, 1000.... *fois plus grand.* — En écrivant un, deux, trois..... zéros sur la droite d'un nombre, on rend ce nombre 10, 100, 1000..... fois plus grand. En effet, soit le nombre 238 ; si l'on écrit deux zéros sur la droite, ce nombre devient 23800. Or, le chiffre 8, qui exprimait des unités, exprime maintenant des centaines, qui sont cent fois plus grandes que des unités simples. Le chiffre 3, qui exprimait des dizaines, exprime maintenant des mille, qui sont des unités cent fois plus grandes, et ainsi de suite. Toutes les parties du nombre étant devenues cent fois plus grandes, le nombre lui-même est devenu cent fois plus grand.

Réciproquement, quand un nombre est terminé par des zéros placés sur sa droite, en supprimant un, deux, trois..... zéros, on rend ce nombre 10, 100, 1000..... fois plus petit. On le démontrerait de la même manière.

9. *Définir la base d'un système de numération.* — On appelle *base d'un système de numération* le nombre qui exprime combien il faut d'unités d'un certain ordre pour

en former une de l'ordre supérieur. Ainsi, 10 est la *base* de notre système de numération, nommé pour cette raison le *système décimal.*

10. *Numération des nombres décimaux. Définition.* — Nous venons de voir comment on lit et comment on écrit les nombres entiers, c'est-à-dire les nombres qui représentent des collections d'unités. Une quantité pouvant être composée de plusieurs unités et de parties d'unité, ou seulement de parties d'unité, nous allons faire voir maintenant comment le système décimal s'applique également à cette nouvelle espèce de nombres.

La même convention qui a établi que dix unités d'un certain ordre en vaudraient une de l'ordre immédiatement supérieur, a fait partager l'unité en dix parties égales appelées *dixièmes.* Le dixième est lui-même partagé en dix parties égales appelées *centièmes,* le centième en dix *millièmes,* le millième en dix *dix-millièmes,* et ainsi de suite. Il suit enfin du principe posé § 6, qui établit qu'un chiffre placé à la gauche d'un autre vaut dix fois plus que s'il était à la place de ce dernier; il suit de là, disons-nous, que, pour représenter les dixièmes, il suffira de placer le chiffre qui exprime leur nombre à la droite du chiffre des unités, en donnant un moyen de reconnaître celui-ci. A la droite des dixièmes on placera les centièmes, et ainsi de suite pour les autres subdivisions. Le signe qui sert à distinguer le chiffre des unités est une virgule que l'on place à sa droite.

On appelle *décimales* les parties de l'unité, dix, cent..... fois plus petites qu'elle. Un *nombre décimal* est celui qui est formé d'un nombre entier et de décimales. On donne plus particulièrement le nom de *fraction décimale* à une collection de décimales d'un ou de plusieurs ordres qui n'est pas accompagnée d'un nombre entier. Dans ce dernier cas, on met un zéro à la place des unités.

D'après ce qui précède :

Un nombre formé de *cinquante-deux unités, sept dixièmes*

et *cinq millièmes*, s'écrira 52,705, en mettant un zéro à la place des centièmes. La partie 52, placée à gauche de la virgule, est la *partie entière* du nombre donné ; 705 en est la *partie décimale*. Le nombre proposé est un *nombre décimal* ; il renferme *trois décimales*, ou *trois chiffres décimaux*.

Un nombre formé de *six dixièmes, sept centièmes et huit dix-millièmes*, s'écrira : 0,6708, avec un zéro à la gauche de la virgule pour tenir la place des unités. Ce nombre a quatre décimales ou quatre chiffres décimaux.

11. *Règles pour écrire un nombre décimal énoncé et pour énoncer un nombre décimal écrit. Moyen de trouver le nom des unités du dernier chiffre à droite d'un nombre décimal.* — Avant d'établir ces règles, nous devons remarquer que l'énoncé d'un nombre décimal peut être donné de deux manières. En effet, soit le nombre précédent 52,705, que nous avons écrit ainsi d'après l'énoncé : cinquante-deux unités, sept dixièmes et cinq millièmes. En remarquant que 7 dixièmes valent 70 centièmes et 700 millièmes, le même nombre pourra donc s'énoncer aussi : 52 unités, 705 millièmes. C'est même ainsi qu'on énonce les nombres décimaux, le plus ordinairement.

Une seconde observation est relative au dernier chiffre à droite d'un nombre décimal. Elle consiste à enseigner le moyen de déterminer le nom des unités qu'il exprime. Soit le nombre 26,0734965 : on remarquera d'abord qu'un chiffre décimal quelconque et le chiffre qui occupe le même rang que lui à gauche des unités, par rapport au chiffre des unités, portent des noms analogues. Ainsi, le premier chiffre à droite des unités est celui des dixièmes ; le premier chiffre à gauche est celui des dizaines ; le second à droite est le chiffre des centièmes ; le deuxième à gauche est celui des centaines, et ainsi de suite. Il suit de là que, pour nommer les unités d'un chiffre décimal quelconque, il suffit de chercher le nom du chiffre des nombres entiers qui occupe le même rang que lui par rapport à celui des unités, et d'y ajouter la terminaison *ième*. Pour le faire plus facilement, nous pourrons partager le nombre décimal, en y comprenant le chiffre des unités, en tranches de trois chiffres à partir de la gauche, et déterminer le nom du dernier chiffre à droite, comme on le fait pour les nombres entiers. Par exemple, dans le nombre 26,0734965, en faisant cette division, il vient :

$$26,07.349.65.$$

Or, d'après cette division, 607 serait la tranche des unités, 349 celle des mille, et 65 celle des millions. Donc, le chiffre 5 exprime des dix-millionièmes.

Soit encore proposé de trouver le nom des unités de la onzième décimale. Onze décimales et le chiffre des unités font douze chiffres. En les partageant en tranches de trois, il y aura quatre tranches, et la dernière exprimera des billions. Or, cette dernière a trois chiffres, dont le dernier exprimera des cent-billionièmes.

Réciproquement, soit proposé de trouver le rang du chiffre des millionièmes après la virgule. Les millions occupant le septième rang à partir des unités, le chiffre des millionièmes occupera aussi le septième rang à droite, à partir des unités, c'est-à-dire sera le sixième chiffre décimal.

Ces principes posés, nous pouvons aisément donner les règles pour écrire et pour énoncer un nombre décimal.

Soit proposé d'écrire en chiffres le nombre *huit unités, cinq cent quarante-huit cent-millièmes*. Les centaines de mille occupent le sixième rang sur la gauche, donc les cent-millièmes seront à la cinquième décimale ; et comme il y a trois chiffres dans le nombre 548, il faudra faire précéder ce nombre de deux zéros, pour tenir la place des dixièmes et des centièmes, ce qui donnera :

$$8,00548.$$

Donc, pour écrire en chiffres un nombre décimal énoncé, on écrira d'abord là partie entière, qu'on séparera par une virgule de la partie décimale ; puis on écrira la partie décimale à la suite de la virgule, comme on écrit un nombre entier, en la faisant précéder, si cela est nécessaire, d'un nombre de zéros suffisant pour que le dernier chiffre à droite soit au rang qui doit lui faire exprimer les unités nommées dans l'énoncé.

Soit maintenant proposé d'énoncer le nombre :

$$25,00043862.$$

Le dernier chiffre à droite occupant le neuvième rang par rapport à celui des unités, exprimera des cent-millionièmes. En s'appuyant sur la première remarque de ce paragraphe, on énoncera donc ce nombre ainsi : *vingt-cinq unités, quarante-trois mille huit cent soixante-deux cent-millionièmes.*

Donc, *pour énoncer un nombre décimal, on énoncera d'abord la partie entière, puis la partie décimale comme si c'était un nombre entier, en terminant l'énoncé par le nom des unités exprimées par le dernier chiffre à droite.*

12. *Énoncer un nombre décimal, en renfermant la partie entière dans l'énoncé.* — Soit le nombre 52,068, qui s'énonce cinquante-deux unités, soixante-huit millièmes. En nous appuyant sur la première remarque du paragraphe précédent, comme 52 unités valent 520 dixièmes, 5200 centièmes, et 52000 millièmes, ce nombre pourra donc s'énoncer : cinquante-deux mille soixante-huit millièmes.

D'où il suit que, *pour énoncer un nombre décimal en renfermant la partie entière dans l'énoncé, il suffit de faire abstraction de la virgule, et d'énoncer le nombre qui en résulte, comme s'il était entier, en terminant l'énoncé par le nom des unités exprimées par le dernier chiffre à droite.*

13. *Exprimer un nombre donné en unités d'un ordre déterminé.* — Il est souvent utile d'exprimer un nombre en unités d'une espèce donnée. Soit, par exemple, le nombre 6346,00367. Si l'on veut prendre pour unités les centaines de ce nombre, il suffira de transporter la virgule de deux rangs vers la gauche, et le nombre s'énoncera : 63 centaines, 4600367 dix-millionièmes de centaines. De même, ce

nombre pourrait s'exprimer: 63460 dixièmes, 367 dix-millièmes de dixièmes.

Donc, *pour exprimer un nombre donné en unités d'un certain ordre, on transportera la virgule à la droite du chiffre qui exprime cet ordre, et l'on énoncera le nouveau nombre ainsi obtenu, en donnant au nouveau chiffre des unités le nom des unités de l'ordre que l'on a considéré.*

14. *On ne change pas la valeur d'un nombre décimal en plaçant des zéros sur sa droite, ou en en supprimant, s'il s'en trouve.* — Nous avons vu, § 8, qu'en plaçant ou retranchant un, deux, trois..... zéros sur la droite d'un nombre entier, on rendrait ce nombre 10, 100, 1000..... fois plus grand ou plus petit. Lorsqu'on place des zéros sur la droite d'un nombre décimal, on n'en change pas la valeur. En effet, soit le nombre 3,147. En plaçant des zéros sur la droite de ce nombre, il devient 3,14700. Or, chaque chiffre de ce nombre a conservé sa valeur primitive; donc le nombre lui-même n'a pas changé de valeur. On démontrerait de même qu'on peut supprimer des zéros sur la droite d'un nombre décimal, quand il s'en trouve. On ne change rien au nombre 0,3500 en l'écrivant 0,35.

15. *Comment on rend un nombre décimal* 10, 100, 1000... *fois plus petit ou plus grand. Conséquence pour les nombres entiers.* — Lorsque, dans un nombre décimal, *on transporte la virgule de un, deux, trois... rangs vers la droite ou vers la gauche, on rend ce nombre* 10, 100, 1000... *fois plus grand ou plus petit.* En effet, soit le nombre 235,4786; la virgule étant le signe particulier qui donne aux chiffres leur valeur relative, si on la transporte à la droite du chiffre 7 par exemple, c'est-à-dire de deux rangs vers la droite, chaque chiffre du nombre transformé 23547,86 aura acquis une valeur cent fois plus grande. Donc le nombre donné lui-même sera devenu 100 fois plus grand. On démontrerait de même que le nombre 23,54786 est dix fois plus petit que le nombre proposé 235,4786.

Nous avons vu, § 8, que pour rendre un nombre 10,

100, 1000... fois plus grand, il fallait ajouter un, deux, trois.... zéros sur sa droite. Nous pouvons ajouter maintenant que pour rendre un nombre 10, 100, 1000... fois plus petit, il suffit de séparer par une virgule un, deux, trois... chiffres sur la droite de ce nombre. En effet, dans un nombre entier, la virgule peut toujours être supposée placée à la droite des unités. Donc, en séparant un deux, trois..... chiffres sur la droite, on ne fait que reculer la virgule de un, deux, trois..... rangs vers la gauche, ce qui rend le nombre 10, 100, 1000... fois plus petit, comme nous venons de le prouver.

SYSTÈME MÉTRIQUE.

16. *Unité de mesure ; mètre ; système métrique.* — Pour compléter l'exposition du système décimal, en ce qui concerne la numération, nous allons donner maintenant la nomenclature des unités concrètes le plus souvent employées, et faire voir comment le système décimal s'applique à leur représentation en chiffres et à leur lecture. Nous ne nous occuperons que des unités de longueur, de superficie, de volume, de capacité, de poids et de monnaie.

Un nombre n'étant que le résultat de la comparaison d'une grandeur à son unité, pour obtenir ce nombre, on cherche combien de fois cette grandeur contient son unité ou les parties de cette unité. En agissant ainsi, on dit qu'on *mesure* cette grandeur ou cette quantité. *Mesurer une quantité* c'est donc chercher combien de fois elle contient l'unité et ses subdivisions : l'unité que l'on choisit pour mesurer une quantité porte alors le nom d'*unité de mesure*.

Le choix de ces unités de mesure est purement arbitraire.

Cependant on comprend aisément qu'il y aura quelques avantages à faire dépendre leur grandeur de celle d'une seule d'entre elles; car alors cette dernière pourra servir à retrouver les autres : de plus, en choisissant dans la nature l'unité qui doit servir à les former toutes, on rendra cette unité parfaitement invariable, qualité que cette grandeur doit posséder essentiellement. Enfin, pour donner aux calculs toute la simplicité désirable, les collections de ces unités et leurs subdivisions, devront être soumises à la loi du système décimal.

On est parvenu à réaliser ce qui précède dans le système actuellement adopté en France, et l'unité qui a servi à former toutes les autres, est l'unité de longueur; on l'a appelée *mètre*. Pour l'obtenir, on a mesuré, par des moyens que nous ne saurions retracer ici, la distance entre deux lieux du globe, Dunkerque et Barcelone, pris sur le même méridien, et l'on en a conclu la longueur du quart de ce méridien. C'est la dix-millionième partie de ce quart qui a été prise pour unité de longueur, et à laquelle on a donné le nom de mètre.

Donc, *le mètre est la dix-millionième partie du quart du méridien de Dunkerque.*

Le *système métrique* est l'ensemble des conventions faites pour nommer et écrire les unités de mesure, et pour établir des rapports entre elles.

17. *Unités de mesures principales; moyens d'exprimer leurs multiples et leurs sous-multiples.* — Les unités de mesures les plus usuelles portent les noms suivants :

Le *mètre*; c'est l'unité de longueur.

L'*are*; c'est l'unité de surface.

Le *mètre cube*; c'est l'unité de volume, qui prend le nom de *stère* quand on l'emploie à mesurer les bois de chauffage.

Le *litre*; c'est l'unité de capacité.

Le *gramme*; c'est l'unité de poids.

Le *franc*; c'est l'unité de monnaie.

Les multiples et les sous-multiples de ces unités, c'est-à-dire leurs collections et leurs subdivisions, ont été choisis dans l'ordre décimal.

Pour les exprimer, on s'est servi des mots suivants tirés du grec et du latin :

Myria, kilo, hecto, déca, déci, centi, milli, qui signifient :
dix mille, mille, cent, dix, dixième, centième, millième, et que l'on place devant le nom de l'unité de mesure.

18. *Des mesures de longueur.* — D'après ce qui précède, le mètre étant l'unité de longueur, ses multiples et ses sous-multiples seront, par ordre de grandeur :

Le myriamètre, qui vaut dix mille mètres ;
Le kilomètre, qui vaut mille mètres ;
L'hectomètre, qui vaut cent mètres ;
Le décamètre, qui vaut dix mètres ;
Le mètre, unité principale ;
Le décimètre, qui vaut un dixième de mètre ;
Le centimètre, qui vaut un centième de mètre ;
Le millimètre, qui vaut un millième de mètre.

Le myriamètre et le kilomètre servent d'unités pour mesurer les grandes distances ; la lieue de poste est de quatre kilomètres.

Un nombre concret de mètres s'écrit et s'énonce comme les nombres décimaux. Ainsi, *deux cent six mètres, trente-cinq millimètres*, s'écrit : $206{,}035^{\text{m}}$. Le nombre $5409{,}356^{\text{m}}$ s'énonce *cinq mille quatre cent neuf mètres, trois cent cinquante-six millimètres.*

Si, dans le nombre $36{,}56^{\text{m}}$, on veut prendre le décimètre pour unité, § 13, on aura $365{,}6^{\text{déc.}}$, qui s'énoncera : *Trois soixante-cinq décimètres, six dixièmes.*

19. *Des mesures de surface. Réduire un nombre d'ares en mètres carrés et réciproquement. Remarque sur la place du décimètre carré, du centimètre carré, etc., après la vir-*

gule. — L'*are* est un décamètre carré ou un carré qui a dix mètres de côté. Il est aisé de voir que cette étendue renferme cent mètres carrés.

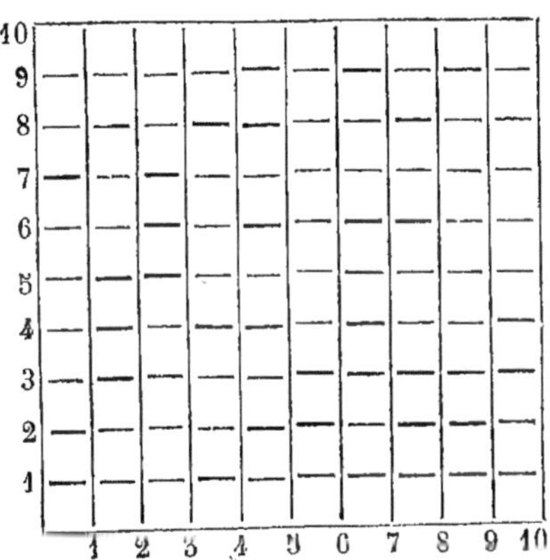

Les multiples et les sous-multiples de l'are se forment comme ceux du mètre; les seuls usités sont:

L'*hectare*, qui vaut cent ares ;

Le *centiare*, qui vaut un centième d'are.

D'après la figure, on voit que si un carré a cent mètres de côté, ou dix décamètres, il renfermera cent décamètres carrés ou cent ares. L'hectare est donc une figure carrée qui a cent mètres de côté.

De même, l'are vaut cent mètres carrés, l'are vaut aussi cent centiares. Donc, le centiare est un mètre carré.

L'hectare, l'are et le centiare sont donc trois carrés: le premier a cent mètres de côté, le second a dix mètres de côté, et le troisième a un mètre de côté.

Les mesures précédentes sont employées pour les grandes superficies; pour les petites, on se sert du mètre carré, du décimètre carré, du centimètre carré, etc.

Soit proposé d'écrire *cinquante-deux hectares trois ares vingt-cinq centiares*. On pourra écrire 52,3,25 ; mais pour suivre en tous points la loi décimale, et adopter une seule unité, l'are, par exemple, on devra écrire : $52\overset{\text{a.}}{0}3,\overset{\text{c.}}{25}$. Si l'on voulait prendre l'hectare ou le centiare pour unité, il faudrait alors transporter la virgule de deux rangs vers la gauche ou vers la droite, et le nombre précédent s'écrirait : $5\overset{\text{h.}}{2},0325$, ou 520325 centiares, ou enfin, 520325 mètres carrés.

Réciproquement, le nombre $\overset{\text{h.}}{2},346$ s'énoncera : *deux hectares, trois cent quarante-six millièmes*; ou bien *deux hectares trente-quatre ares six dixièmes*; ou bien enfin, *vingt-trois mille quatre cent soixante centiares ou mètres carrés*. Lorsqu'on veut estimer une étendue en mètres carrés, décimètres carrés, centimètres carrés, etc., il y a une remarque importante à faire sur la position que ces unités occupent respectivement par rapport à la virgule. En effet, un carré d'un mètre de côté ou mètre carré, contient cent décimètres carrés; le décimètre carré contient cent centimètres carrés, et ainsi de suite. Il suit de là que le décimètre carré étant la centième partie du mètre carré, occupera la place des centièmes après la virgule; le centimètre carré étant la centième partie du décimètre, et par conséquent la dix-millième partie du mètre carré, occupera le rang des dix-millièmes après la virgule; en sorte que les subdivisions du mètre carré seront placées de deux en deux chiffres après la virgule.

D'après cela, le nombre $\overset{\text{m.}}{3},0\overset{\text{c.}}{54}62$, exprimant des mètres carrés, devra s'énoncer : *trois mètres carrés, cinq décimètres carrés, quarante-six centimètres carrés, vingt millimètres carrés*. On ne commettra d'ailleurs aucune erreur en l'énonçant : *trois mètres carrés, cinq mille quatre cent soixante-deux cent-millièmes de mètre carré.*

Avant d'énoncer un nombre de mètres carrés et de sous-multiples du carré, il faudra donc rendre pair le nombre des chiffres décimaux.

Réciproquement, pour écrire *deux décimètres carrés, cinq millimètres carrés*, on écrira :

$$\overset{\text{m. c.}}{0{,}020005.}$$

On reconnaîtra aisément l'erreur que l'on commettrait en énonçant le nombre $\overset{\text{m. c.}}{2{,}5}$: *deux mètres carrés, cinq décimètres carrés* ; car cinq dixièmes de mètre carré valent cinquante décimètres carrés, et non pas cinq décimètres carrés.

20. *Des mesures de volume ; remarque analogue à la précédente sur la position du décimètre cube, du centimètre cube, etc., après la virgule.* — Le *mètre cube* ou *stère* est un cube qui a un mètre de côté ; un cube est une figure qui est comprise sous six carrés égaux.

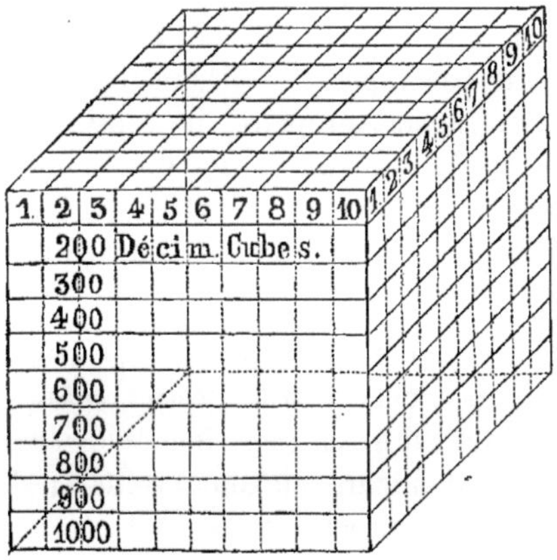

Les multiples et les sous-multiples du stère, les seuls en usage, sont :

Le *décastère*, qui vaut dix stères ;

Le *décistère*, qui vaut un dixième de stère.

Ces mesures sont exclusivement employées pour le bois de chauffage. Pour tous les autres usages, on se sert du mètre cube, du décimètre cube, du centimètre cube, etc.

Il est essentiel de faire ici une remarque analogue à celle du paragraphe précédent, sur la position du décimètre cube, du centimètre cube, etc., après la virgule. En effet, si l'on prend un cube et qu'on partage une de ses arêtes en dix parties égales, en menant ensuite par tous les points de division des plans parallèles aux faces, on partagera ce cube en dix parties égales. Si l'on fait les mêmes opérations pour les deux autres arêtes qui avoisinent la première, le cube sera partagé, par la deuxième opération, en cent parties égales. Chacune de ces dernières parties sera un décimètre cube, si le cube primitif est un mètre cube ; d'où l'on conclut que le décimètre cube est la millième partie du mètre cube ; et comme le centimètre est, par rapport au décimètre, ce que le décimètre est par rapport au mètre, il s'ensuit que le centimètre cube est la millième partie du décimètre cube, et ainsi de suite : de sorte que les subdivisions du mètre cube seront placées de trois en trois chiffres après la virgule.

D'après cela, le nombre $3,05462$ exprimant des mètres cubes, devra s'énoncer : *trois mètres cubes, cinquante-quatre décimètres cubes, six cent vingt centimètres cubes.* On ne commettra d'ailleurs aucune erreur en l'énonçant : *trois mètres cubes, cinq mille quatre cent soixante-deux cent-millièmes de mètre cube.*

Avant d'énoncer un nombre de mètres cubes et de ses sous-multiples au cube, il faudra donc rendre multiple de trois le nombre des chiffres décimaux.

Réciproquement, pour écrire *deux décimètres cubes, trente-cinq centimètres cubes, trois cent quarante-huit millimètres cubes,* on écrira :

$$\overset{\text{m. c c.}}{0,002035348.}$$

On voit aisément qu'on commettrait une erreur en énonçant le nombre $\overset{\text{m. c c.}}{2,5}$, *deux mètres cubes, cinq décimètres cubes;* car cinq dixièmes de mètre cube valent cinq cents décimètres cubes, et non pas cinq décimètres cubes.

21. *Des mesures de capacité. Exprimer un nombre de litres en mètres cubes, et réciproquement.* — Le *litre* est une capacité qui équivaut au décimètre cube. On lui donne la forme d'un cylindre dont la hauteur est double du diamètre de la base.

Les multiples et les sous-multiples du litre se forment comme ceux du mètre; les plus usités sont :

L'*hectolitre,* qui vaut cent litres;
Le *décalitre,* qui vaut dix litres;
Le *décilitre,* qui vaut un dixième de litre;
Le *centilitre,* qui vaut un centième de litre.

Ces unités servent à mesurer les liquides, les grains, les charbons..., etc.

Sachant que la capacité d'un litre est d'un décimètre cube, il est facile d'exprimer un nombre de litres en mètres cubes, et réciproquement. Soit proposé d'exprimer en mètres cubes le nombre de litres $\overset{\text{lit.}}{39,25}$. Le décimètre cube ou le litre étant la millième partie du mètre cube, § 20, ce nombre de litres donnera un nombre de mètres cubes mille fois plus petit, c'est-à-dire, § 15, $\overset{\text{m. c c.}}{0,03925}$, ou 39 décimètres cubes 250 centimètres cubes; ou enfin, 39250 centimètres cubes.

Réciproquement, soit proposé d'exprimer en litres le nombre de mètres cubes $\overset{\text{m. c c.}}{2,32}$, le nombre de litres sera mille fois plus grand, ou 2320.

Donc, *pour exprimer un nombre de litres en mètres cubes, et réciproquement, il suffit de transporter la virgule de trois rangs vers la gauche ou vers la droite dans le nombre proposé.*

22. *Des mesures de poids. Trouver le poids d'un volume d'eau donné en litres ou en mètres cubes, et réciproquement.* — Pour obtenir l'unité de poids ou le *gramme*, on a pesé un volume d'eau déterminé, et cette eau a été prise dans des circonstances physiques qu'on pût toujours aisément reproduire. Ainsi, le poids de cette eau a été calculé en la supposant placée dans le vide. L'eau a été choisie *distillée*, c'est-à-dire débarrassée des matières étrangères qu'elle renferme toujours. Enfin, elle a été prise dans une condition de température qui répond au quatrième degré du thermomètre centigrade. C'est, dans l'échelle de ce thermomètre, le point où l'eau acquiert le plus grand poids sous le même volume : on dit alors qu'elle est à *son maximum de densité*. Ces données physiques peuvent toujours se reproduire dans tous les temps et dans tous les lieux. Cette unité de poids remplit donc les conditions d'invariabilité qu'on a voulu donner aux unités de mesure.

Le *gramme* est *le poids d'un centimètre cube d'eau distillée, pesée dans le vide et à son maximum de densité.*

Les multiples et les sous-multiples du gramme se forment comme ceux du mètre, et sont :

Le myriagramme, qui vaut dix mille grammes;
Le kilogramme, qui vaut mille grammes;
L'hectogramme, qui vaut cent grammes;
Le décagramme, qui vaut dix grammes;
Le décigramme, qui vaut un dixième de gramme;
Le centigramme, qui vaut un centième de gramme;
Le milligramme, qui vaut un millième de gramme.

Le kilogramme est le plus souvent pris pour unité dans la mesure des poids assez considérables; le gramme et ses subdivisions sont réservés pour les petites pesées; mais

on conçoit qu'un simple déplacement de la virgule dans le nombre proposé suffit pour transformer un nombre de grammes en kilogrammes et réciproquement. En effet,
soit le nombre de grammes $2245{,}48$. Le nombre de kilogrammes qui lui est équivalent sera mille fois plus petit, c'est-à-dire $2{,}24548$.

Réciproquement, le nombre $0{,}02530$ équivaut à $25{,}30$.

Donc, *pour transformer un nombre de grammes en kilogrammes, ou réciproquement, il suffit de transporter la virgule de trois rangs vers la gauche ou vers la droite dans le nombre proposé.*

Pour les poids très-considérables, on emploie le *tonneau* et le *quintal*. Le quintal vaut cent kilogrammes et le tonneau vaut mille kilogrammes.

Il est aisé de trouver le poids d'un volume d'eau donné en litres ou en mètres cubes, et réciproquement de trouver en litres ou en mètres cubes le volume d'un poids d'eau donné. Il suffit pour cela de remarquer que le gramme étant le poids d'un centimètre cube d'eau, le nombre qui exprime le poids de l'eau en grammes, est le même que celui qui exprime son volume en centimètres cubes. De plus, un décimètre cube d'eau ou un litre vaut mille centimètres cubes, § 20, et pèse par conséquent mille grammes ou un kilogramme. Enfin, un mètre cube d'eau vaut mille décimètres cubes, ou mille litres, et pèse par conséquent mille kilogrammes ou un tonneau, d'où il suit en résumé que :

Un centimètre cube d'eau pèse un gramme.

Un décimètre cube d'eau, ou un litre, pèse un kilogramme.

Un mètre cube d'eau pèse mille kilogrammes ou un tonneau.

D'après cela :
$0{,}05923$ d'eau, ou 59230, pèsent 59230 ;

^{m.c.c.} ^{lit.} ^{k.}
1,036025 d'eau, ou 1036,25, pèsent 1036,25 ;

^{m.c.c.} ^{lit.} ^{k.} ^{t.}
3,45 d'eau, ou 3,450, pèsent 3450, ou 3,45.

Réciproquement :

^{g.} ^{cent. cub.} ^{m.c.c.}
3445 d'eau, ont 3445 de capacité, ou 0,003445 ;

^{k.} ^{lit.} ^{m.c.c.}
67,045 d'eau ont 67,045 de capacité, 0,067045 ;

^{t.} ^{m.c.c.} ^{lit.}
25,4 d'eau ont 25,4 de capacité, ou 25400.

Donc, *si le volume d'eau est donné en mètres cubes, ou en litres, ou en centimètres cubes, son poids sera égal en volume, en tonneaux, ou en kilogrammes ou en grammes, et réciproquement.*

Si, *le volume d'eau étant exprimé en mètres cubes, on veut avoir son poids en grammes ou en kilogrammes, il suffira de reculer l'indice décimal de six ou de trois rangs vers la droite. Il faudra le reculer de six ou de trois rangs vers la gauche si, le poids d'eau étant donné en grammes ou en kilogrammes, on veut avoir son volume en mètres cubes.*

On trouvera facilement des règles analogues pour la réduction des litres en tonneaux, et réciproquement.

23. *Des mesures de monnaies.* — Le *franc est une pièce de monnaie qui pèse cinq grammes ;* il contient les 0,9 de son poids d'argent pur, et 0,1 de cuivre.

Deux sous-multiples du franc sont seuls en usage ; ce sont

Le *décime,* qui vaut un dixième de franc ;

Le *centime,* qui vaut un centième de franc.

24. *Avantages du système métrique.* — On doit pouvoir apprécier maintenant les avantages du système métrique. Toutes les unités principales dépendent du mètre. C'est ainsi que les mesures de surface, de volume et de capacité sont déterminées par cette unité fondamentale. Le franc dépend du gramme, le gramme qui est lui-même le poids d'un centimètre cube d'eau, se déduit de la valeur du

mètre ; donc aussi le franc dépend du mètre. Les moyens qu'on a employés pour déterminer le mètre nous assurent l'invariabilité de sa valeur. Enfin, ces diverses unités de mesures sont soumises à la loi décimale; elles satisfont donc aux conditions que nous avons voulu leur assigner au § 16.

Le mètre est donc avec juste raison nommé la base du nouveau système de mesures auquel il a donné son nom.

ADDITION

DES NOMBRES ENTIERS ET DÉCIMAUX.

25. *Définir l'addition, une somme.*
L'*addition* est une opération qui a pour but de réunir plusieurs nombres en un seul.

Le résultat de cette opération, c'est-à-dire le nombre obtenu, se nomme *somme* ou *total*.

26. *Addition de plusieurs nombres ; règle générale.* — Il n'y a pas de règles à donner pour faire l'addition de nombres d'un seul chiffre. La mémoire doit s'exercer à cette sorte d'opération.

Lorsque les nombres ont plus d'un chiffre, le secours seul de la mémoire devient insuffisant, et il faut recourir à d'autres moyens. Soit proposé d'ajouter les nombres 3608, 79, 678, 56346, 23. L'addition ne pouvant être faite d'un seul coup, nous l'opérerons successivement, et pour diminuer les difficultés de l'opération, nous réunirons entre elles respectivement les unités du même ordre, c'est-à-dire que nous ferons la somme des unités, celle des dizaines, celle des centaines, etc., et nous réunirons ensemble toutes ces sommes partielles. Or, puisqu'on doit réunir les unités de même ordre, on est conduit naturellement à les placer les unes au-dessous des autres. Ce n'est donc pas sans raison que les nombres sont placés ainsi :

$$3608$$
$$79$$
$$678$$
$$56346$$
$$23$$
$$\overline{60734}$$

Commençant alors par la colonne des unités, nous dirons 8 et 9 font 17 et 8 font 25 et 6 font 31 et 3 font 34. Telle est la somme des unités ; mais, cette somme se composant elle-même de 3 dizaines et de quatre unités, nous écrirons seulement les quatre unités au résultat, et nous reporterons les 3 dizaines à l'addition de la colonne suivante qui est celle des dizaines. Nous opérerons sur cette colonne comme sur la précédente, en disant : 3 dizaines de retenue et 7 font 10 et 7 font 17 et 4 font 21 et 2 font 23 ; comme dans ce dernier nombre il y a 3 dizaines et 2 centaines, nous écrirons seulement au résultat les 3 dizaines, et nous reporterons les 2 centaines à la colonne sur laquelle nous opérerons comme sur la précédente. Nous continuerons de la sorte jusqu'à la dernière colonne, au-dessous de laquelle nous poserons la dernière somme telle que nous l'aurons trouvée. Nous aurons fait ainsi l'addition des nombres proposés, puisque nous aurons réuni toutes leurs parties.

Il est clair que le même raisonnement s'appliquerait au cas où dans les nombres proposés il se trouverait des nombres décimaux ; on réunirait toujours entre elles les unités du même ordre.

Ainsi l'addition suivante :

$$16,025$$
$$3459,48$$
$$25$$
$$607,0486$$
$$\overline{4107,5536}$$

donnerait pour résultat : 4107,5536.

D'où l'on peut conclure la règle générale suivante :

Pour faire l'addition de plusieurs nombres, on les place les uns au-dessous des autres, de manière que les unités de même ordre se correspondent ; puis, commençant par la droite, par la colonne des plus faibles unités, on ajoute les chiffres renfermés dans cette colonne. Si la somme obtenue ne surpasse pas 9, on l'écrit au-dessous de la colonne de ces unités, en les séparant par un trait. Si cette somme surpasse 9, on écrit seulement les unités, et l'on retient les dizaines, que l'on ajoute à la colonne suivante. On fait l'addition de cette colonne comme celle de la première, puis celle des autres; arrivé à la dernière colonne à gauche, on écrit le résultat tel qu'on l'a trouvé.

27. *Raison qui fait commencer l'addition par la droite.* — La règle générale prescrit de commencer l'addition par la droite, quoiqu'il paraisse indifférent, au premier abord, de commencer par réunir les plus hautes ou les plus faibles unités des nombres dónnés. Mais si l'on commençait l'opération par la gauche, la somme d'une colonne étant écrite, on serait obligé de l'effacer pour y ajouter la retenue de la colonne suivante, dans le cas où la somme des chiffres de cette dernière colonne surpasserait 9 ; on évite cet inconvénient en commençant par la droite.

28. *Définir une preuve ; preuve de l'addition. Signe indicatif de l'addition. Signe d'égalité entre deux quantités.* — On appelle *preuve* d'une opération, en arithmétique, une seconde opération, au moyen de laquelle on s'assure de l'exactitude de la première.

La preuve de l'addition peut se faire en effectuant les calculs dans un sens contraire à celui que l'on a adopté d'abord . c'est-à-dire que si l'on a fait l'addition en allant du haut en bas, on la recommencera en prenant les nombres de bas en haut. Si l'on trouve le même résultat, on en conclut qu'il est *probable* que la première opération a été bien faite.

Les preuves ainsi faites, justifient le mot de *probable,*

que nous avons employé, parce que ces opérations exige-
raient elles-mêmes de nouvelles preuves pour s'assurer de
leur exactitude. En effet, il peut arriver qu'elles renfer-
ment elles-mêmes des erreurs qui compensent celles qui
ont été faites dans l'opération primitive, si elle est fausse,
ou qui fassent paraître fausse une opération qui est
juste.

Lorsque l'on veut indiquer que les deux nombres sont
ajoutés l'un à l'autre, on se sert du signe (+), qui se prononce *plus*, et que l'on place entre les deux nombres.
Ainsi, 5 + 3 s'énonce *cinq plus trois*, et représente la
somme des nombres 5 et 3. En écrivant 5 + 3 = 8, qui
se prononce *cinq plus trois égale huit*, on exprime que 5
+ 3 est la somme *indiquée* des deux nombres 5 et 3, et que
huit est la somme *effectuée*.

Le signe (=) est le signe de l'égalité entre deux quantités. Ce signe, avec les quantités qu'il sépare, constitue
ce qu'on nomme une *égalité*, les deux quantités égales se
nomment *les deux membres de l'égalité*.

SOUSTRACTION

DES NOMBRES ENTIERS ET DÉCIMAUX.

29. *Définir la soustraction et les mots : reste, excès et différence.*

La *soustraction* est une opération qui a pour but de retrancher un nombre d'un autre.

Le résultat de cette opération, c'est-à-dire le nombre
obtenu, s'appelle *reste, excès* ou *différence.* La forme habi-
tuelle de langage indique seule le cas où il faut employer
ces différents mots. Ainsi, on dit : en retranchant 4 de 9,
le reste est 5 ; ou bien, 5 est l'excès de 9 sur 4 ; ou bien
enfin, 5 est la différence entre 9 et 4.

30. *Soustraction de deux nombres de plusieurs chiffres.*
Deux cas à examiner; règle générale. — Il n'y a pas de
règle à donner pour opérer la soustraction de deux nombres
d'un seul chiffre; la mémoire doit s'exercer à ce genre
d'opérations.

Lorsque les nombres ont plusieurs chiffres, il peut se
présenter deux cas : tous les chiffres du nombre à soustraire sont inférieurs, ou tout au plus égaux à ceux du
même ordre, dans le nombre dont il faut le soustraire;
ou bien quelques-uns d'entre eux sont supérieurs à leur
correspondant. Nous allons examiner ces deux cas.

Soit à soustraire le nombre 56342 du nombre 168448.
Nous aurons évidemment effectué l'opération, si nous retranchons les unités des unités, les dizaines des dizaines, etc.,
ce qui nous conduit encore, comme pour l'addition, à placer
les deux nombres l'un au-dessous de l'autre, de manière
que leurs unités du même ordre se correspondent :

$$
\begin{array}{r}
168448 \\
56342 \\
\hline
112106
\end{array}
$$

Puis, nous dirons : 2 unités ôtées de 8 unités, ou seulement 2 de 8, reste 4; 4 de 4, reste 0; 3 de 4, il reste 1; et
ainsi de suite.

Soit maintenant proposé d'effectuer la soustraction suivante :

$$
\begin{array}{r}
280848 \\
196765 \\
\hline
84083
\end{array}
$$

dans laquelle plusieurs chiffres du nombre inférieur sont
plus grands que leurs correspondants supérieurs. Nous
nous appuierons sur ce principe, qu'*en ajoutant le même*
nombre à deux nombres, on ne change pas leur différence.
En effet, en augmentant le plus grand des deux nombres
d'une certaine quantité, on augmente leur différence de
cette quantité; et en augmentant le plus petit de la même

quantité, le reste diminue de cette même quantité ; donc il n'a pas changé de valeur. Cela posé, nous dirons : 5 de 8, il reste 3. Arrivé aux dizaines, nous dirons : 6 de 4, l'opération ne peut se faire, augmentons alors le chiffre supérieur 4 de dix unités de son ordre ou de une centaine, la soustraction pourra se faire et nous aurons 8 pour reste ; mais nous avons augmenté le nombre supérieur d'une centaine ; pour ne rien changer au reste, nous ajouterons aussi une centaine au nombre inférieur, qui donnera 8 centaines au lieu de 7, et nous dirons 8 de 8, il reste 0. Puis, en opérant de la même manière pour les autres soustractions partielles, 6 de 0 ou 6 de 10, il reste 4 ; ajoutant une unité au chiffre inférieur suivant, 10 de 8 ou 18, il reste 8, et enfin 2 de 2, il reste 0.

Dans la pratique, on dit : 5 de 8, il reste 3 ; 6 de 14, il reste 8, et je retiens 1 ; 1 et 7 font 8, 8 de 8, il reste 0 ; 6 de 10, il reste 4, et je retiens 1 ; 1 et 9 font 10, de 18, il reste 8, et je retiens 1 ; 1 et 1 font 2, 2 de 2, il reste 0.

Il est clair que les mêmes raisonnements s'appliqueraient au cas où les deux nombres proposés seraient des nombres décimaux, ou seulement l'un d'eux. L'opération se conduirait de la même manière, en faisant correspondre les unités de même ordre.

Ainsi les soustractions suivantes :

72,05004	4,306
18,628	0,94326
53,42204	3,36274

donneraient pour résultat : 53,42204 et 3,36274. Dans la deuxième soustraction, il faudra supposer deux zéros à la place des dix-millièmes et des cent-millièmes pour le premier nombre.

Nous pouvons maintenant conclure la règle générale suivante :

Pour soustraire deux nombres l'un de l'autre, on écrit le plus petit sous le plus grand, de manière que leurs unités de même ordre se correspondent. Puis, commençant par la droite, on retranche chaque chiffre inférieur de son correspondant supérieur, et l'on écrit le résultat au-dessous, après avoir séparé les deux nombres du reste par un trait. Lorsque, dans le cours de l'opération, un chiffre inférieur se trouve être plus grand que son correspondant supérieur, on augmente ce dernier de dix unités de son ordre, et arrivé à la soustraction suivante, on augmente le chiffre inférieur d'une unité, et l'on continue l'opération de la même manière.

31. *Preuve de la soustraction. Signe indicatif de cette opération.* — Le reste d'une soustraction indiquant l'excès du plus grand nombre sur le plus petit, il suffira, pour faire la preuve de cette opération, d'*ajouter le reste au plus petit nombre, et l'on devra retrouver le plus grand.* On opère donc ainsi la preuve des soustractions précédentes :

168448	280848	72,05004	4,306
56342	196765	18,628	0,94326
112106	84083	53,42204	3,36274
168448	280848	72,05004	4,30600

Lorsqu'on veut indiquer que deux nombres sont soustraits l'un de l'autre, on se sert du signe (—), qui se prononce *moins*, et que l'on place entre les deux nombres. Ainsi 5 — 3 s'énonce *cinq moins trois*, et représente le reste *non effectué* de cette soustraction. On écrirait 5 — 3 = 2, qui s'énoncerait *cinq moins trois égale deux*, et qui signifie que le reste *indiqué* de la soustraction est 5 — 3, et que le reste *effectué* est égal à 2.

MULTIPLICATION

DES NOMBRES ENTIERS ET DÉCIMAUX.

32. *Définir la multiplication en général, les facteurs du produit. Modifier la définition de la multiplication pour les nombres entiers.* — La *multiplication* est une opération qui

a pour but de trouver un nombre appelé *produit*, qui se compose avec un nombre donné appelé *multiplicande*, comme un autre nombre donné appelé *multiplicateur* se compose avec l'unité.

Le multiplicande et le multiplicateur s'appellent *facteurs* du produit.

Soit 8 à multiplier par 5. D'après la définition, le produit doit se composer avec 8 comme 5 se compose avec l'unité. Or, 5 se compose de 5 fois l'unité, dont le produit doit se composer de 5 fois 8, ce qui nous donne une idée plus nette et plus simple de la multiplication, lorsqu'il s'agit des nombres entiers. On pourra donc modifier la définition pour ces derniers nombres :

La multiplication des nombres entiers a pour but de répéter un nombre appelé multiplicande, autant de fois qu'il y a d'unités dans un autre nombre appelé multiplicateur. Le résultat de cette opération se nomme produit.

33. *La multiplication des entiers n'est qu'une addition de nombres égaux.* — Puisque, dans la multiplication, on a pour but de répéter le multiplicande un certain nombre de fois marqué par le multiplicateur, cette opération pourrait s'effectuer à l'aide de l'addition.

La multiplication des entiers n'est donc qu'une addition de nombres égaux.

34. *Nature des unités du produit et des facteurs.* — Cette manière d'envisager la multiplication nous conduit à déterminer la nature des unités des facteurs et du produit. En effet, le multiplicateur indiquant le *nombre de fois* que le multiplicande doit être répété, ce facteur est essentiellement *abstrait*. Mais le produit, qui n'est que le multiplicande répété un certain nombre de fois, doit évidemment être de la même nature que ce dernier facteur. S'il est abstrait, le produit sera abstrait ; s'il est concret, le produit le sera également.

Ainsi, 4^m multipliés par 3 donnent au produit 12^m, et 4 multiplié par 3 donne 12.

On ne comprendrait pas ce que signifierait l'opération multiplier 4^m par 3^m, car on ne saurait répéter 4^m 3 mètres de fois.

Nous verrons pourtant plus tard, en géométrie, qu'il se présente des exemples de ce genre d'opération ; mais nous reconnaîtrons qu'elles n'ont rien de contradictoire avec ce que nous venons d'avancer, et qu'en réalité, dans ce cas, on ne fait que des multiplications de nombres abstraits.

35. *Formation de la table de multiplication et son usage.* — Il n'y a pas de règle à donner pour la multiplication de deux nombres d'un seul chiffre, il faut que la mémoire retienne les différents produits qu'ils donnent. Ces produits ont été réunis dans une table qu'on nomme *Table de Pythagore,* du nom de celui à qui on en attribue l'invention. Elle est disposée de la manière suivante :

1	2	3	4	5	6	7	8	9
2	4	6	8	10	12	14	16	18
3	6	9	12	15	18	21	24	27
4	8	12	16	20	24	28	32	36
5	10	15	20	25	30	35	40	45
6	12	18	24	30	36	42	48	54
7	14	21	28	35	42	49	56	63
8	16	24	32	40	48	56	64	72
9	18	27	36	45	54	63	72	81

Pour former cette table, on écrit les neuf premiers nombres sur une ligne horizontale : ce sont les produits de ces nombres par 1. On ajoute cette colonne à elle-même, et l'on a ainsi les produits des neuf premiers nombres par 2. On écrit cette colonne au-dessous de la précédente. On ajoute alors successivement la première colonne à la deuxième, la première à la troisième, la première à la quatrième, et ainsi de suite, et de cette manière on a les produits des neuf premiers nombres par 3, par 4... par 9.

Pour se servir de cette table, on cherche le multiplicande dans la première colonne horizontale, et le multiplicateur dans la première colonne verticale ; le produit est à la rencontre des colonnes horizontale et verticale, en tête desquelles se trouvent les deux facteurs. Cela résulte évidemment de la manière dont cette table a été formée. Soit à trouver le produit de 6 par 8. A l'aide de la règle, on trouve pour produit 48.

36. *Multiplier un nombre par l'unité suivie de plusieurs zéros.* — Nous avons vu, § 8, qu'on rendait un nombre 10, 100..... fois plus grand en écrivant 1, 2..... zéros sur sa droite ; or, multiplier un nombre par un autre, c'est rendre le premier un nombre de fois plus grand marqué par le second. Donc, *pour multiplier un nombre par l'unité suivie de plusieurs zéros, il suffit de placer à la suite du nombre proposé autant de zéros qu'il y en a à la suite de l'unité.*

37. *Multiplication de deux nombres quelconques ; règle générale.* — Ce principe va nous servir pour faire la multiplication de deux nombres composés de plusieurs chiffres. Soit proposé de multiplier 4529 par 6047. Multiplier 4529 par 6047, c'est répéter le premier nombre 6047 fois. Pour obtenir ce résultat, nous répéterons ce nombre 7 fois, puis 40 fois, enfin 6000 fois, et nous ajouterons tous ces produits. Or, pour répéter 7 fois 4529, au lieu de faire une addition de sept nombres égaux à 4529, nous répéterons

7 fois chacun des chiffres qui composent ce nombre. L'opération se dispose de la manière suivante :

```
      4529
      6047
   ———————
     31703    1ᵉʳ  produit  partiel.
     18116    2ᵉ   produit  partiel.
    27174     3ᵉ   produit  partiel.
   ———————
   27386863
```

La table de multiplication nous donne 63 pour le produit des 9 unités 'du multiplicande par 7. On ne pose que les trois unités ; et l'on retient les 6 dizaines, que l'on ajoute au produit des 2 dizaines du multiplicande par 7. Ce produit donne 14 dizaines qui, ajoutées aux 6 de retenue, font 20 dizaines. On pose 0 et l'on retient les 2 centaines, que l'on reporte au produit suivant. On achève ainsi le produit de 4529 par 7, et l'on a 31703, que l'on nomme le *premier produit partiel*.

Il faut maintenant répéter le multiplicande 40 fois. Or, si l'on écrivait ce nombre 40 fois sous lui-même, et qu'on fît la somme, cette somme serait égale au produit de 4529 par 40. Mais si l'on suppose la colonne de ces quarante nombres partagée en groupes de 4 de ces mêmes nombres, il y aura 10 de ces groupes. On aura donc également le produit de 4529 par 40, en répétant ce nombre 4 fois, ce qui donnera l'un des groupes, et en multipliant ce dernier produit par 10. Le produit par 4 s'effectuera comme nous venons d'effectuer celui du multiplicande par 7. Ce produit est 18116, et comme il faut le rendre 10 fois plus grand, nous n'aurons qu'à placer un zéro sur sa droite, § 36, ce qui donnera 181160, produit que nous nommons *deuxième produit partiel*, et que nous écrivons au-dessous du premier. Il est évident que nous pourrons même nous dispenser d'écrire ce zéro, si nous plaçons le premier chiffre à droite 6 de ce produit au rang des dizaines.

Comme le multiplicateur n'a pas de centaine, nous n'aurons pas de troisième produit partiel.

Il nous reste à répéter le multiplicande 6000 fois. Nous ferions voir comme précédemment que pour obtenir ce produit il suffit de répéter 4529 six fois et de multiplier ce produit par 1000, en plaçant trois zéros sur sa droite ou en mettant son premier chiffre à droite 4 au rang des mille.

Le multiplicande ayant été ainsi successivement répété 7 fois, 40 fois et 6000 fois, a donc été répété 6047 fois, ou multiplié par 6047. Il suffit pour obtenir le produit total de faire la somme des produits partiels, ce qui donne 27386863.

On a pu remarquer, dans cette opération, 1° que la multiplication par un nombre de plusieurs chiffres se déduit de la multiplication par un seul ; 2° que la nécessité où l'on se trouve de réunir les produits partiels par voie d'addition, nous conduit à les placer les uns au-dessous des autres ; 3° que le premier chiffre de chaque produit partiel du multiplicande par chaque chiffre du multiplicateur, considéré comme exprimant des unités simples, exprime lui-même des dizaines, ou des centaines, ou des mille, ou, etc., suivant que le chiffre du multiplicateur qui a servi à former ce produit, exprime lui-même des dizaines, ou des centaines, ou des mille, ou, etc. Nous pouvons en conclure la règle générale suivante :

Pour multiplier un nombre par un autre, on écrit le multiplicateur sous le multiplicande, et l'on multiplie, en commençant par la droite, tout le multiplicande par chaque chiffre du multiplicateur, en ayant soin de placer le premier chiffre de chaque produit partiel sous le chiffre du multiplicateur qui a servi à le former. Pour obtenir un produit partiel quelconque, on cherche, à l'aide de la table de multiplication, les produits des différents chiffres du multiplicande par le chiffre du multiplicateur qui doit former ce produit. On écrit seulement les unités de ces produits, et l'on retient les dizaines, que l'on ajoute au produit suivant, excepté pour le dernier produit à gauche, qu'on écrit tel qu'on l'a trouvé, après lui avoir ajouté, s'il y a lieu, la retenue du produit précédent.

38. *Examiner s'il faut commencer la multiplication par la droite.* — La règle précédente prescrit de commencer l'opération par la droite. Examinons si cela est indifférent pour l'un et l'autre facteur.

Si l'on commençait la multiplication par la gauche du multiplicande, on tomberait dans le même inconvénient que pour l'addition et la soustraction, celui d'effacer des chiffres déjà écrits pour les remplacer par d'autres.

Mais on peut sans inconvénient commencer la multiplication par la gauche du multiplicateur, pourvu qu'on donne au premier chiffre de chaque produit partiel le rang qui lui convient. L'exemple suivant est opéré en commençant par la droite, puis la gauche.

58769	58769
4607	4607
411383	235076
352614	352614
235076	411383
270748783	270748783

39. *Lorsqu'on rend un des facteurs d'un produit un certain nombre de fois plus grand ou plus petit, on rend ce produit le même nombre de fois plus grand ou plus petit.* — Soit 6 à multiplier par 4. Si l'on rend le multiplicande deux fois plus grand en le multipliant par 2, on répétera alors quatre fois, c'est-à-dire le même nombre de fois, un nombre devenu deux fois plus grand; donc, le produit 24 lui-même sera rendu deux fois plus grand. En effet, le produit de 12 par 4 est 48, qui est deux fois plus grand que 24.

En multipliant par 2 le multiplicateur, nous répéterons le même nombre 6 un nombre de fois deux fois plus grand.

Donc, le produit 24 sera encore rendu deux fois plus grand. En effet, le produit de 6 par 8 est 48, qui est deux fois plus grand que 24.

On démontrerait de la même manière que le produit serait deux fois plus petit en rendant deux fois plus petit soit le multiplicande, soit le multiplicateur. En effet, le produit de 3 par 4 et celui de 6 par 2 donneront également 12, qui est deux fois plus petit que 24.

40. *Multiplication de nombres suivis de zéros.* — Soit proposé de multiplier 3600 par 40. Si l'on supprime deux zéros sur la droite du premier facteur, on le rend cent fois plus petit, § 36. Donc, le produit des deux nombres donnés serait alors cent fois plus petit. Si l'on supprime également un zéro sur la droite de l'autre facteur, on le rendra dix fois plus petit, et par suite aussi le produit des deux nombres donnés dix fois plus petit. Donc, par ces deux suppressions, le produit sera d'une part devenu cent fois plus petit, puis dix fois plus petit encore, c'est-à-dire qu'il sera devenu dix fois cent fois, ou mille fois trop petit. Pour lui rendre sa valeur, il suffira donc de placer trois zéros sur sa droite. Ainsi, le produit de 36 par 4 est 144; donc, le produit de 3600 par 40 est 144000.

Donc, pour multiplier entre eux deux nombres qui sont terminés par des zéros, il faut faire le produit des deux nombres en supprimant les zéros qui sont sur la droite, et placer sur la droite du produit autant de zéros qu'il y en avait dans les deux facteurs réunis.

41. *Multiplication des nombres décimaux.* — Les principes précédents nous conduisent à la règle pour effectuer la multiplication des nombres décimaux.

En effet, soit proposé de multiplier 2,36 par 5,6. Si l'on fait abstraction de la virgule dans les deux facteurs, on rendra l'un deux cents fois plus grand, et l'autre dix fois plus grand, § 15. Donc, le produit de 236 par 56 sera d'une part cent fois plus grand, et de l'autre dix fois plus grand que celui des nombres proposés; il sera donc cent fois dix fois, ou mille fois trop grand. Pour lui rendre sa valeur, il suffira de le rendre mille fois plus petit, ce qui se fera en séparant trois décimales sur la droite, § 15. Or, le produit de 236 par 56 est 13216. Donc, le produit de 2,36 par 5,6 est 13,216.

D'où il suit que, *pour multiplier deux nombres décimaux l'un par l'autre, il faut faire le produit des deux nombres en supprimant la virgule dans chacun d'eux, et séparer sur la droite du produit autant de décimales qu'il y en avait dans les deux facteurs réunis.*

42. *Signe indicatif de la multiplication. Produit de plusieurs nombres.* — Lorsqu'on veut seulement indiquer que deux nombres sont multipliés l'un par l'autre, on les sépare par le signe ($\times$), qui s'énonce *multiplié par*. Ainsi, 4×3, s'énonce : *quatre multiplié par trois*, et exprime le produit de 4 par 3. On écrirait donc $4 \times 3 = 12$. 4×3 est le produit *indiqué* de 4 par 3, et 12 est le produit effectué de ces deux nombres. Souvent le signe $\times$ est remplacé par un seul point. Ainsi, 4×3 s'écrit aussi 4.3.

On a souvent à faire un produit composé de plus de deux facteurs. Soit proposé, par exemple, de faire un produit composé des facteurs 3, 5, 4 et 7. On l'écrira ainsi : $3.5.4.7$, et pour *l'effectuer*, on multipliera 3 par 5, ce qui donnera 15, puis ce produit par 4, ce qui donnera 60, et enfin ce dernier produit par 7, ce qui donnera 420. On aura alors : $3.5.4.7 = 420$.

On pourra donc, à l'avenir, dans un produit de plusieurs facteurs, supposer effectué le produit d'un certain nombre d'entre eux à partir de la gauche, puisque, pour former le produit total, on doit effectuer réellement ce produit pour le multiplier par les facteurs suivants. Ainsi, le produit $3.5.4.7 = 15.4.7 = 60.7$.

43. *On peut intervertir l'ordre des facteurs d'un produit sans changer le produit.* — Nous démontrerons d'abord ce principe pour deux facteurs. Soit le produit 5×3. Il faut prouver que $5.3 = 3.5$.

Or, $5 = 1 + 1 + 1 + 1 + 1$; quand deux quantités sont égales, on peut les multiplier par un même nombre et les produits sont encore égaux. Si nous multiplions les deux membres de l'égalité par 3, nous aurons $5 \cdot 3 = 3 + 3 + 3 + 3 + 3$. Mais le second membre n'est que le nombre 3 répété cinq fois, ou est égal à $3 \cdot 5$. Donc enfin, $5 \cdot 3 = 3 \cdot 5$.

Pour prouver le même principe pour un plus grand nombre de facteurs, nous prouverons : 1° *que l'on peut changer l'ordre des deux derniers facteurs;* 2° *que l'on peut changer l'ordre de deux facteurs contigus;* 3° *que l'on peut changer l'ordre de deux facteurs quelconques.*

1° Soit le produit $3 \cdot 4 \cdot 6 \cdot 5 \cdot 7$. Nous pourrons supposer effectué le produit des trois premiers facteurs. Alors il restera à prouver que $72 \cdot 5 \cdot 7 = 72 \cdot 7 \cdot 5$. Or, $72 \cdot 5 = 72 + 72 + 72 + 72 + 72$. Multipliant les deux membres de cette égalité par 7, il vient : $72 \cdot 5 \cdot 7 = 72 \cdot 7 + 72 \cdot 7 + 72 \cdot 7 + 72 \cdot 7 + 72 \cdot 7$, ou égale $72 \cdot 7$ répété cinq fois, ou $72 \cdot 7 \cdot 5$. Donc enfin, $72 \cdot 5 \cdot 7 = 72 \cdot 7 \cdot 5$.

2° Soit le même produit $3 \cdot 4 \cdot 6 \cdot 5 \cdot 7$, et soit proposé de prouver qu'on peut changer l'ordre des deux facteurs 4 et 6; ou autrement que $3 \cdot 4 \cdot 6 \cdot 5 \cdot 7 = 3 \cdot 6 \cdot 4 \cdot 5 \cdot 7$. En effet, en omettant pour l'instant les deux facteurs 5 et 7, on a (1°) : $3 \cdot 4 \cdot 6 = 3 \cdot 6 \cdot 4$. Multipliant les deux membres de cette égalité, d'abord par 5, puis par 7, il vient $3 \cdot 4 \cdot 6 \cdot 5 \cdot 7 = 3 \cdot 6 \cdot 4 \cdot 5 \cdot 7$.

3° Soit encore le même produit $3 \cdot 4 \cdot 6 \cdot 5 \cdot 7$. Puisqu'on peut changer l'ordre de deux facteurs contigus (2°), il s'ensuit qu'on pourra faire occuper au premier facteur 3, successivement la seconde, la troisième, etc., place; il en sera de même du second facteur 4, du troisième 6, etc., donc le principe est démontré.

44. *Multiplier un nombre par un produit de plusieurs facteurs.* — A l'aide du principe précédent, on démontre aisément *que, pour multiplier un nombre par un produit* *de plusieurs facteurs, on peut multiplier ce nombre par le premier facteur, le produit par le second, ce dernier produit par le troisième, et ainsi de suite.* Soit proposé de multiplier 7 par 30 qui est le produit des nombres 2, 3 et 5. Il sera indifférent de multiplier 7 par 30, ou 30 par 7. Or, pour obtenir ce dernier produit, on peut remplacer 30 par le produit non effectué de ses facteurs, puisque, § 42, pour obtenir le produit 30.7, dans lequel 30 est un produit effectué, il eût fallu commencer par faire le produit des facteurs 2, 3 et 5 de 30. On aura ainsi : $2.3.5.7$, et comme on peut mettre 7 à la première place, on aura en définitive : $7.30 = 7.2.3.5$, ce qui démontre le principe énoncé.

45. *Multiplier un produit de plusieurs facteurs par un nombre.* — Réciproquement, soit proposé de multiplier le produit 30 par 7. On démontre qu'il suffit pour cela de multiplier par 7 l'un des facteurs de 30, le facteur 3, par exemple, et de multiplier ce produit par les autres facteurs ; en effet, $30.7 = 2.3.5.7$. Intervertissant l'ordre des facteurs, et plaçant 3 et 7 au premier rang, on aura $30.7 = 3.7.2.5 = 21.2.5$. On voit donc qu'un seul des facteurs de 30 a été multiplié par 7, d'où l'on conclut que, *pour multiplier un produit par un nombre, il suffit de multiplier l'un de ses facteurs par ce nombre.*

46. *Multiple d'un nombre. Multiples consécutifs d'un nombre.* — On appelle *multiple* d'un nombre le produit de ce nombre par un autre. Ainsi, 12 est un multiple de 2, parce que 12 est égal au produit de 2 par 6. 12 est également un multiple de 6, un multiple de 4, un multiple de 3. On appelle *multiples consécutifs* d'un nombre, les produits de ce nombre par deux nombres consécutifs. Ainsi, 12 et 18 sont deux multiples consécutifs de 6, parce qu'ils sont égaux aux produits de 6 par 2 et par 3.

47. *Puissance d'un nombre. Racines, deuxième, troisième, etc., d'un nombre.* — On appelle *puissance d'un nombre, le produit de plusieurs facteurs égaux à ce nombre.*

Une puissance d'un nombre est dite *deuxième*, *troisième*, 4ᵉ... suivant qu'elle est le produit de deux, trois, 4... facteurs égaux à ce nombre. Ainsi, 5 . 5 . 5, ou 125, est la *troisième puissance* de 5. Un nombre seul peut se nommer sa première puissance.

On représente une puissance d'un nombre en écrivant à sa droite et un peu au-dessus de lui, un nombre qui indique combien de fois il doit entrer comme facteur dans la puissance. Ce nombre se nomme *exposant*. Ainsi, la troisième puissance de 5 s'écrit 5^3, et s'énonce *cinq puissance trois*. L'exposant indique le *degré* de la puissance.

On appelle racine deuxième, troisième, 4ᵉ... d'un nombre, le nombre qui, pris deux fois, trois fois, quatre fois comme facteur, reproduit le nombre proposé. Ainsi, 2 est la racine troisième de 8, parce que $2^3 = 8$; 7 est la racine deuxième de 49.

48. *Preuve de la multiplication.* — Puisqu'un produit ne change pas quand on change l'ordre de ses facteurs, pour faire la preuve de la multiplication on pourra prendre le multiplicande pour le multiplicateur et réciproquement. Si l'on trouve le même résultat, on en conclut qu'il est *probable* que la première opération a été bien faite.

DIVISION

DES NOMBRES ENTIERS ET DÉCIMAUX.

49. *Définir la division, le dividende, le diviseur et le quotient. Modifier la définition de la division pour les entiers.*

La *division* est une opération qui a pour but, connaissant un produit de deux facteurs, et l'un de ces facteurs, de trouver l'autre.

Le produit donné se nomme *dividende*, le facteur connu

diviseur, et le facteur cherché *quotient*. Le dividende est donc le produit du diviseur par le quotient.

Dans la multiplication des entiers, le multiplicateur exprime le nombre de fois que le produit doit contenir le multiplicande. Si donc le quotient représente le multiplicateur, il exprime combien de fois le dividende contient le diviseur : c'est de là que lui vient son nom.

On peut donc modifier ainsi, pour les nombres entiers, la définition de la division : *La division a pour but de trouver combien de fois un nombre appelé dividende en contient un autre appelé diviseur : le résultat se nomme quotient.*

50. *La division pourrait se faire par des soustractions successives.* — Cette manière d'envisager la division nous conduit à remarquer que cette opération pourrait s'effectuer par des soustractions successives, comme la multiplication par une addition, § 33 : en effet, pour diviser 40 par 8, nous aurons à chercher combien de fois 40 contient 8. Or, en retranchant 8 de 40, on voit qu'il y est déjà contenu une fois avec un reste de 32. Retranchant de nouveau 8 de 32, il restera 24, et l'on conclura que 8 est déjà contenu deux fois dans 40. Continuant à soustraire 8 de 24, on trouve qu'on peut encore faire cette opération trois fois, et comme on l'a déjà faite deux fois, le nombre 8 est donc contenu cinq fois dans 40 ; le quotient cherché est donc 5.

51. *Nature des unités du dividende, du diviseur et du quotient.* — Lorsque le dividende et le diviseur sont concrets, le diviseur est alors le multiplicande, et le quotient est le multiplicateur ; *le quotient est donc abstrait lorsque le dividende et le diviseur sont de même nature.* Mais si, le dividende étant concret, le diviseur est abstrait, c'est alors ce dernier qui est le multiplicateur ; le quotient est le multiplicande et concret. Donc, *lorsque le dividende est concret et le diviseur abstrait, le quotient est de la nature du dividende.*

52. *Quotient exact et quotient approché.* — Nous avons

vu, § 50, qu'en cherchant le quotient de 40 par 8, on trouvait que le diviseur était contenu un nombre exact de fois dans le dividende ; mais, supposons que l'on ait à diviser 43 par 8 : en opérant les soustractions successives, comme au § 50, on trouve que 43 contient 8 cinq fois, plus un reste 3. On dit alors que *la division n'est pas faite exactement*, et si l'on considère que le quotient 5 est trop petit et que le quotient 6 serait trop grand, on en conclut qu'en prenant 5 pour la valeur du quotient, on commet une erreur moindre qu'une unité. On dit alors que le quotient est obtenu *à moins d'une unité près.*

En prenant 5, l'erreur est en moins ; en prenant 6, l'erreur est en plus.

On dit qu'un quotient est *exact*, lorsque le dividende contient le diviseur un nombre exact de fois. Un quotient est *approché*, dans le cas contraire. Il est alors compris entre deux nombres consécutifs, et l'un de ces deux nombres est la valeur du quotient, *à moins d'une unité près.*

53. *Définir un nombre divisible par un autre, un diviseur d'un nombre.* — On dit qu'un nombre est *divisible* par un autre lorsque, en divisant le premier par le second, la division se fait sans reste, ou bien lorsque le quotient est exact. 40 est divisible par 8, et donne 5 pour quotient. 40 est également divisible par 5 et donne 8 pour quotient.

54. *Le reste est plus petit que le diviseur. Valeur du dividende dans toute division.* — On appelle *diviseur* d'un nombre un nombre qui le divise exactement. Ainsi, 5, 8, 2, 4, 10, sont des diviseurs de 40.

En se reportant au § 52, qui donne le moyen de trouver le quotient approché d'une division, on voit que, dans ce cas, le reste que l'on obtient est nécessairement plus petit que le diviseur, car, s'il ne l'était pas, on pourrait encore effectuer de nouvelles soustractions, et le quotient s'augmenterait d'une ou de plusieurs unités.

Enfin, la nature de l'opération que l'on a effectuée au même paragraphe, en constatant que 8 était contenu cinq fois dans 43 avec un reste 3, nous fait conclure immédiatement que le nombre 43 se compose du nombre 8 répété cinq fois ou du produit de 8 par 5, augmenté du reste 3.

Donc, dans toute division, *le dividende est égal au diviseur multiplié par le quotient, plus le reste, s'il y en a un.*

55. *Trouver le quotient de deux nombres au moyen de la table de Pythagore.* — La division ne saurait s'opérer pour tous les nombres par le procédé du § 50. Les calculs à effectuer seraient trop longs, si le diviseur était beaucoup plus petit que le dividende : on a alors recours à d'autres moyens.

Quand le diviseur n'a qu'un chiffre, et que le dividende est moindre que dix fois le diviseur, la table de Pythagore fournit le moyen de trouver le quotient, ou exact ou approché; soit 40 à diviser par 8. Cherchons le diviseur 8 dans la première tranche horizontale. Si nous descendons verticalement dans la colonne qui commence par ce diviseur, nous y trouverons le dividende 40. Le quotient 5 est en tête de la tranche horizontale qui contient ce dividende. Cela résulte de ce que le dividende 40 est le produit du diviseur 8 par le quotient.

Soit maintenant 43 à diviser par 8, nous ne trouverons pas le dividende dans la colonne verticale qui commence par le diviseur; mais il sera compris entre deux nombres 40 et 48 qui, divisés par 8, donnent 5 et 6 pour quotients. Donc, 5 est le quotient à moins d'une unité près.

Donc, *pour trouver le quotient de deux nombres au moyen de la table de multiplication, il faut chercher le diviseur dans la première tranche horizontale, et le dividende dans la colonne verticale qui porte en tête ce diviseur. Si le dividende s'y trouve, le quotient sera en tête de la tranche horizontale qui contient le dividende : si ce dernier ne s'y trouve pas, il sera compris entre deux multiples consécutifs du di-*

viseur, § 16, *et le quotient approché se trouvera en tête de la tranche à laquelle appartient le plus petit de ces deux multiples.*

56. *Définir le plus grand multiple d'un nombre renfermé dans un autre.* — Le plus grand multiple d'un nombre contenu dans un autre, est le plus grand produit du premier nombre renfermé dans le second. Ainsi 40 est le plus grand multiple de 8 renfermé dans 43.

57. *Division d'un nombre quelconque par un autre. Détermination du nombre des chiffres du quotient et de leur grandeur. Règle générale.* — Soit maintenant proposé de diviser le nombre 256208 par 478. Le premier nombre sera ou ne sera pas un multiple de 478. Nous nous proposons donc de trouver le quotient du plus grand multiple du diviseur renfermé dans le dividende par ce diviseur, ou bien le plus grand nombre de fois que 256208 contient 478, et n'oublions pas que ce quotient multiplié par le diviseur doit reproduire le dividende, en ajoutant au produit le reste, toujours moindre que le diviseur. Commençons par déterminer le nombre des chiffres du quotient. Il y aura au moins un chiffre, car une seule unité répétée 478 fois donnerait 478, nombre inférieur au dividende. Il y aura des dizaines au quotient, car le moins qu'il puisse en avoir, c'est une, et une dizaine répétée 478 fois donne 478 dizaines ; or, il y en a 25620 au dividende, § 13. On ferait voir également que le quotient doit avoir des centaines ; mais il ne peut pas avoir de mille, car un mille répété 478 fois donnerait 478 mille, et il n'y en a que 256 au dividende. Le quotient a donc trois chiffres, et le dividende est alors composé de trois produits partiels, ceux du diviseur par chacun des chiffres du quotient, plus un reste si le dividende n'est pas un multiple exact du diviseur.

Le produit du diviseur par les centaines du quotient ne peut donner des unités inférieures à des centaines ; donc, ce produit ne pourra se trouver que dans les centaines du

dividende total, c'est-à-dire dans 2562, que nous sommes
ainsi conduits à séparer des autres chiffres par un point.
L'opération se dispose de la manière suivante :

```
2562.0 8. | 478
2390      |-----
    172 0.8 | 536
    143 4   |
     28 6 8
     00 0 0
```

Cela posé, si 2562 était le produit exact du diviseur par
les centaines du quotient, pour obtenir ces centaines, il
suffirait de chercher combien de fois 2562 contient 478.
Mais les autres produits partiels peuvent aussi produire
des centaines qui, réunies au produit du diviseur par les
centaines, ont ainsi concouru à former le nombre 2562.
Nous allons cependant démontrer que cette addition ne
saurait donner une centaine de plus au quotient, et que si
l'on cherche le plus grand multiple du diviseur renfermé
dans 2562, le quotient de ce plus grand multiple par le
diviseur, sera le chiffre exact des centaines du quotient.
En effet, supposons que ce plus grand multiple soit trouvé,
et que 5 soit le quotient de ce nombre par le diviseur.
Le chiffre 5 ne sera pas trop petit, car en l'augmentant
seulement d'une unité, le produit des 6 centaines par le
diviseur serait plus grand que 2562 centaines d'au moins
une centaine, et par suite serait plus grand que le nombre proposé, qui ne surpasse 2562 centaines que de 8
unités.

Le chiffre 5 ne sera pas non plus trop grand, car si on
le diminuait seulement d'une unité, quels que fussent les
chiffres suivants, le quotient pourrait être au plus 499 ;
et alors, comme le produit de 500 par le diviseur est déjà,
par hypothèse, plus petit que le nombre proposé, il s'ensuit qu'on n'aurait pas dans 499 le quotient du plus grand
multiple du diviseur renfermé dans le nombre proposé,
par ce diviseur. Donc enfin le nombre 5, ne pouvant être

ni trop grand ni trop petit, est le chiffre exact des centaines du quotient.

Il reste donc à déterminer ce chiffre 5 rigoureusement ; et pour cela, comme nous l'avons dit, il faut prendre le plus grand multiple de 478 renfermé dans 2562 et chercher combien de fois il contient 478.

Cette opération pourrait se faire à l'aide des procédés du § 50, mais nous pouvons l'éviter en faisant le raisonnement suivant : le produit de 478 par le chiffre des centaines du quotient est lui-même composé de trois produits partiels, celui des centaines, celui des dizaines, celui des unités du diviseur par ce chiffre. Or, le produit des centaines du diviseur par les centaines du quotient donne au moins des dizaines de mille, et ne peut se trouver que dans les dizaines de mille du dividende total, c'est-à-dire dans 25. Si donc nous divisons 25 par le chiffre 4 des centaines du diviseur, le quotient approché que l'on obtiendra sera le chiffre des centaines du quotient, ou bien un chiffre trop fort, car ici nous ne pouvons pas affirmer que le plus grand nombre de fois que 25 contient 5 est le plus grand nombre de fois que 2562 contient 478. Nous reconnaîtrons, en effet, que le chiffre 6 est trop fort, quoique 25 contienne 4 six fois, en faisant le produit de 478 par 6 centaines, ce qui donne 2868 centaines, nombre plus grand que 2562.

Pour essayer le chiffre 5, nous ferons le produit du diviseur par 5, ce qui donne 2390, et nous remarquerons que ce nombre pouvant se soustraire de 2562, le chiffre 5 est bien le chiffre exact des centaines du quotient, puisque le chiffre 6 est trop fort.

Pour continuer l'opération, nous retrancherons de 2562 centaines les 2390 centaines provenant du produit du diviseur par les centaines du quotient, et alors nous aurons retranché du dividende total l'un des produits partiels dont il se compose. Le reste 17208 de cette soustraction contient encore les produits partiels du diviseur par les deux

autres chiffres du quotient ; nous pouvons donc le considérer comme un nouveau dividende. Nous répéterons alors
ici ce que nous avons déjà dit pour déterminer les centaines, et nous dirons : le produit du diviseur par les dizaines du quotient, donne au moins des dizaines ; donc,
ce produit ne peut se trouver que dans les dizaines du
nombre 17208, c'est-à-dire dans 1720, que nous sommes
encore conduits à séparer du chiffre 8. Puis nous démon-
trerions, de même que nous l'avons déjà fait pour les centaines, que le quotient du plus grand multiple du diviseur
renfermé dans 1720, par ce diviseur, est le chiffre exact
des dizaines du quotient. Pour opérer cette division, nous
chercherons également combien de fois les centaines de
ce nombre contiennent les centaines du diviseur, et nous
essayerons le quotient obtenu en multipliant le diviseur
par ce chiffre et soustrayant le produit du reste. 17 contient 4 quatre fois, mais le chiffre 4 est trop fort, car 4
fois 478 donnent 1912, nombre plus grand que 1720. En
écrivant 3 au quotient, le produit de 478 par 3 dizaines
donne 1434 dizaines, nombre qui peut se soustraire de
1720. En opérant cette soustraction, on trouve pour second
reste 2868 qui ne contient plus que le produit partiel du
diviseur par le chiffre des unités du quotient. Cherchant
enfin combien de fois ce reste contient le diviseur, ce qui
se fait encore d'une manière approchée en cherchant
combien de fois les centaines 28 contiennent les centaines
4, le chiffre 7 est trop fort ; mais en écrivant 6, le produit
du diviseur par ce chiffre se trouve être précisément égal
au reste, de sorte que le dividende donné est dans ce cas
un multiple exact du diviseur.

Avant de conclure la règle générale, nous ferons sur
l'opération précédente quelques remarques et quelques
simplifications qui nous faciliteront la rédaction de l'énoncé
de cette règle. Nous avons vu qu'il fallait, quand on avait
obtenu un chiffre du quotient, multiplier le diviseur par
ce chiffre et retrancher le produit de la partie du dividende

ou du dividende partiel dans lequel il est renfermé. Cette multiplication et cette soustraction peuvent se faire en même temps de la manière suivante :

$$\begin{array}{r|l} 256208 & 478 \\ 1720 & \overline{536} \\ 2868 & \\ 000 & \end{array}$$

Ayant obtenu le chiffre 5, pour retrancher le produit de 478 par 5 de 2562, nous dirons 5 fois 8 font 40, de 42 il reste 2. Mais nous avons augmenté le nombre snpérieur de 40 unités d'un certain ordre ; il nous faut, pour ne rien changer au reste, augmenter le nombre inférieur de la même quantité, c'est-à-dire de 4 unités de l'ordre immédiatement supérieur. Nous dirons alors, comme on le fait dans la pratique : 5 fois 8 font 40, de 42 il reste 2, et je retiens 4 ; 5 fois 7 font 35 et 4 de retenue font 39, de 46 il reste 7, et je retiens 4 ; 5 fois 4 font 20 et 4 font 24, de 25 il reste 1. De plus, nous remarquerons que pour faire la seconde division partielle, il n'était pas nécessaire de placer à la droite du reste 172 les deux autres chiffres 0 et 8 du dividende, puisque nous n'avons besoin que de l'un de ces chiffres pour opérer cette seconde division partielle. Il en serait de même pour les divisions suivantes. Continuant d'opérer, et le chiffre 3 étant obtenu, nous dirons : 3 fois 8 font 24, de 30 il reste 6, et je retiens 3 ; 3 fois 7 font 21 et 3 de retenue font 24, de 32 il reste 8, et je retiens 3 ; 3 fois 4 font 12 et 3 font 15, de 17 il reste 2. A côté du reste, il suffit de placer le chiffre suivant 8 du dividende, dont on ne s'est pas encore servi.

Nous pouvons maintenant conclure la règle générale suivante :

Pour diviser deux nombres l'un par l'autre, on écrit le diviseur à la droite du dividende. On sépare sur la gauche du dividende autant de chiffres qu'il en faut pour que le nombre qui en résulte contienne le diviseur. On divise la partie séparée à gauche, ou ce premier dividende partiel par le diviseur, et l'on écrit le chiffre obtenu au quotient au-dessous du diviseur. Pour faire cette division partielle, on cherche combien de fois le chiffre des plus hautes unités du diviseur est contenu dans le nombre d'unités du même ordre qui existent dans la partie séparée à gauche du dividende. Le chiffre ainsi obtenu, après avoir été essayé, est le chiffre des plus hautes unités du quotient. On multiplie le diviseur par ce chiffre, et l'on retranche le produit du premier dividende partiel. A côté du reste on abaisse le chiffre suivant du dividende, ce qui forme un second dividende partiel, que l'on divise par le diviseur, en cherchant combien de fois les plus hautes unités du diviseur sont contenues dans les unités semblables de ce second dividende. On écrit ce second chiffre du quotient à la droite du premier, on multiplie le diviseur par ce chiffre, on en retranche le produit du second dividende partiel; à côté du reste on abaisse les autres chiffres du dividende, et l'on continue de la sorte jusqu'à ce qu'on ait épuisé tous les chiffres du dividende.

58. *Reconnaître qu'un chiffre du quotient est trop fort, ou qu'il est trop faible.* — On s'aperçoit aisément, dans le cours d'une division, qu'un chiffre obtenu au quotient est trop fort ; car son produit par le diviseur ne peut se soustraire du dividende partiel qui a servi à déterminer ce chiffre.

On s'aperçoit qu'un chiffre est trop faible lorsque le reste que l'on obtient en multipliant le diviseur par ce chiffre et retranchant le produit du dividende partiel, est plus grand que le diviseur ; car dans ce cas le diviseur est encore contenu une ou plusieurs fois dans ce reste, et le chiffre du quotient peut alors être augmenté d'une ou de plusieurs unités. Prenons pour exemple la division de 18745 par 47.

$$\begin{array}{r|l} 18745 & 47 \\ 464 & \overline{398} \\ 415 & \\ 39 & \end{array}$$

Après avoir obtenu le chiffre 3 du quotient et le premier

reste 46, nous abaissons le chiffre 4 du dividende et nous divisons 464 par 47. Si nous croyons que 8 puisse être le chiffre suivant des dizaines du quotient, nous ferons le produit du diviseur par 8 et nous le retrancherons de 464. Le reste serait 88. Or, ce reste contient encore une fois 47, donc le chiffre 8 des dizaines est trop petit d'une unité, et nous pourrons prendre 9. Il en serait de même si nous prenions un chiffre inférieur à 8 pour le chiffre des unités. Avec le chiffre 8 nous obtenons un reste 39, moindre que 47. Donc le quotient est 398, à moins d'une unité près.

59. *Méthode abrégée pour faire la division, quand le diviseur est d'un seul chiffre.* — Lorsque le diviseur n'a qu'un chiffre, l'opération pratique peut se faire plus simplement qu'en employant la règle générale. Soit 6736 à diviser par 8. Au lieu de soustraire de 67 le produit du diviseur par ce chiffre en l'écrivant au-dessous de 67, on le soustrait de 67 sans rien écrire, et l'on retient de mémoire le reste, que l'on ajoute au chiffre suivant du dividende. Ainsi on dit : en 67 combien de fois 8, il y est 8 fois, avec un reste 3, ou bien le *huitième* de 67 est 8 pour 64, avec un reste 3 centaines qui vaut 30 dizaines. 30 et 3 font 33 ; le huitième de 33 est 4 pour 32 ; il reste une dizaine qui vaut 10 unités ; 10 et 6 font 16, le huitième de 16 est 2. Le quotient exact de 6736 par 8 est donc 842. On trouverait de même que le quotient de 6354 par 7 est 907 avec un reste 5, ou bien est 907, à moins d'une unité près.

60. *Comment opérer, lorsqu'un des dividendes partiels ne contient pas le diviseur.* — Il peut arriver, dans le cours d'une division, qu'en abaissant un des chiffres du dividende à côté du reste précédent, le nombre résultant ne contienne pas le diviseur. Dans ce cas, on écrit un zéro au quotient, et l'on abaisse un nouveau chiffre du dividende. Soit 21996 à diviser par 54.

$$\begin{array}{r|l} 21996 & 54 \\ 396 & \overline{407} \\ 18 & \end{array}$$

Après avoir obtenu le chiffre 4 et avoir abaissé le chiffre 9 du dividende, le reste 39 étant plus petit que 54, cela indique qu'il n'existe pas de produit partiel du diviseur par le chiffre des dizaines du quotient, c'est-à-dire que ce dernier chiffre est un zéro. On écrit donc 0 aux dizaines du quotient, on abaisse le chiffre suivant 6, et l'on continue la division.

61. *On ne peut commencer la division que par la gauche.* — La règle générale prescrit de chercher d'abord le chiffre des plus hautes unités du quotient, c'est-à-dire de commencer l'opération par la gauche du dividende, tandis que nous avons commencé toutes les autres opérations par la droite. Il est facile de se rendre compte de cette différence ; en effet on ne pourrait pas découvrir dans quelle partie du dividende se trouverait renfermé le produit du diviseur par le chiffre des unités, parce que, dans l'addition des différents produits partiels du diviseur par le chiffre du quotient, ce produit s'est combiné avec tous les autres, et ne forme souvent qu'une faible partie de la portion du dividende qui le contient. On peut affirmer, au contraire, que si le chiffre des plus hautes unités du quotient est, par exemple, un chiffre de centaines, le produit partiel du diviseur par ce chiffre est contenu dans les centaines du dividende total. Telle est la raison qui fait commencer la division par la gauche.

62. *Remarques sur les expressions: multiplier et diviser. Autre énoncé* du § 39. — Diviser un nombre par 2, 3, 4... c'est le rendre 2, 3, 4... fois plus petit. En effet, le dividende étant égal au produit du diviseur par le quotient, ou au produit du quotient par le diviseur, quand le diviseur est 2, 3, 4..., le dividende est donc 2, 3, 4... fois plus grand que le quotient. Donc le quotient est à son tour 2, 3, 4... fois plus petit que le dividende.

Comme on rend un nombre 2, 3, 4... fois plus grand en multipliant par 2, 3, 4..., il s'ensuit qu'on pourra indifféremment employer les mots : *multiplier* et *diviser* ou *rendre un certain nombre de fois plus grand, un certain nombre de fois plus petit.*

On peut alors donner une autre forme à l'énoncé du § 39, et dire : *en multipliant ou divisant l'un des facteurs d'un produit par un nombre, on multiplie ou on divise ce produit par ce nombre ;* et réciproquement que, *si on multiplie ou divise un produit par un nombre, il faudra que l'un de ses facteurs soit multiplié ou divisé par ce nombre.*

Ce principe est évidemment applicable à un produit de plus de deux facteurs, car un pareil produit peut toujours être supposé composé de deux facteurs.

63. *Le quotient ne change pas quand on multiplie ou quand on divise le dividende et le diviseur par un certain nombre.* — Il résulte immédiatement de là que si l'on multiplie ou divise le dividende par un certain nombre, sans altérer le diviseur, le quotient sera multiplié ou divisé par ce même nombre, car le dividende est un produit dont le diviseur est l'un des facteurs et le quotient l'autre facteur. Mais si l'on multiplie ou divise le diviseur par un certain nombre sans altérer le dividende, le quotient sera divisé ou multiplié par le même nombre, car en multipliant le diviseur on multiplie l'un des facteurs, et comme le produit reste le même, il faut que l'autre facteur soit divisé, pour rendre le produit autant de fois plus petit qu'il a été rendu de fois plus grand quand on a multiplié le diviseur.

De là cette conséquence, que, *en multipliant ou divisant le dividende et le diviseur à la fois par un certain nombre, le quotient ne change pas.*

Le même principe a lieu quand la division donne un reste. Seulement *le reste est multiplié ou divisé par le nombre.* En effet, soit 27 à diviser par 4. Le quotient est 6 et le reste 3. Nous pourrons donc écrire : $27 = 4.6 + 3$, § 54. Si nous multiplions les deux membres de cette égalité par 5, il faudra multiplier par 5 les deux parties 4.6

et 3 dont se compose 27, ce qui donnera 27.5=20.6
+3.5 ; le produit 4.6 a été multiplié par 5, en multipliant le 4 par 5. Or, cette équation est le résultat d'une
nouvelle division dans laquelle le dividende est 27.5, le
diviseur 20 et le quotient 6, car le reste 3.5 est plus
petit que le nouveau diviseur : en effet, le premier reste
3 était plus petit que le diviseur 4 ; donc le nouveau reste
3.5 est plus petit que 4.5. Donc enfin, le quotient est
resté le même et le reste a été multiplié par 5.

64. *Division de deux nombres terminés par des zéros.* —
Le principe du paragraphe précédent va trouver une application immédiate ici. Soit à diviser 3500 par 70. Si nous
supprimons un zéro sur la droite de ces deux nombres,
nous les diviserons tous deux par 10, donc leur quotient
ne changera pas. Il s'ensuit donc que l'on aura à diviser
350 par 7 ; le quotient est 50.

Donc, *pour diviser l'un par l'autre deux nombres terminés par des zéros, il faut supprimer dans les deux nombres
autant de zéros qu'il y en a dans celui qui en possède le
moins, et faire la division des deux nombres qui résultent de
cette suppression.*

65. *Division des nombres décimaux.* — Le même principe nous conduit à la division des nombres décimaux. Il
peut se présenter deux cas : 1° ou le diviseur est un nombre
entier ; 2° ou le diviseur est un nombre décimal.

1° Soit à diviser 3507,25 par 49. Si nous faisons abstraction de la virgule dans le dividende, nous le multiplierons par 100. Donc le quotient sera cent fois plus grand.
Pour lui rendre sa valeur, il suffira de le diviser par 100,
c'est-à-dire de séparer deux décimales sur sa droite, §§ 15
et 62. Le quotient approché de 350725 par 49 est 7157,
avec un reste 32 ; donc le quotient de 3507,25 par 49 est
71,57 avec un reste 0,32. Or, le quotient de 3507 par 49
étant 71, on voit qu'on aurait pu faire la division du

nombre entier contenu dans ce dividende, par le diviseur, comme il suit :

$$\begin{array}{r|l} 3507{,}25 & 49 \\ 77 & \overline{71} \\ 28 & \end{array} \qquad \begin{array}{r|l} 3507{,}25 & 49 \\ 77 & \overline{71{,}57} \\ 28\ 2 & \\ 3\ 75 & \\ 32 & \end{array}$$

et arrivé au chiffre 1 des unités, abaisser à côté du reste 28 le chiffre 2 des dixièmes, et continuer ainsi la division, en ayant soin de placer une virgule à la droite du nombre 71, et mettant le chiffre suivant du quotient au rang des dixièmes.

Donc, *quand le diviseur est entier, on fait la division comme si le dividende était entier, et lorsqu'ayant abaissé le chiffre des unités du dividende, on est arrivé au chiffre des unités du quotient, on place une virgule sur sa droite, et l'on continue la division.*

La même règle s'appliquerait au cas où la partie entière du dividende ne contiendrait pas le diviseur. Alors on écrirait zéro au quotient pour tenir la place des unités, et l'on continuerait la division en prenant un chiffre de plus au dividende. On trouve ainsi que le quotient de 2,358 par 56 est 0,042, avec un reste 0,006.

$$\begin{array}{r|l} 2{,}3.5.8 & 56 \\ 1\ 1\ 8 & \overline{0{,}042} \\ 6 & \end{array}$$

2° Soit à diviser 394,625 par 2,85. Nous rendrons le diviseur entier en supprimant la virgule, ce qui le multipliera par 100 et ramènera la division au cas précédent. Mais, pour rendre au quotient sa valeur, § 62, nous multiplierons également le dividende par 100. Nous serons donc conduits à faire la division de 39462,5 par 285, au lieu de faire celle des deux nombres proposés ; le quotient sera le même.

Nous aurons ainsi :

$$
\begin{array}{c|l}
39462,5 & 285 \\
1096 & \overline{138,4} \\
2412 & \\
132\ 5 & \\
18\ 5 & \\
\end{array}
$$

le quotient est 138,4, avec le reste 18,5.

Donc, quand le diviseur est un nombre décimal, on fait abstraction de la virgule dans ce nombre, et l'on multiplie le dividende par l'unité suivie d'autant de zéros qu'il y avait de décimales au diviseur. On effectue alors la division comme pour le premier cas.

66. *Obtenir un quotient à moins de 0,1, ou 0,01, ou… près.* — Soit à diviser 37 par 7. Le quotient est 5 avec un reste 2, et le quotient est obtenu à moins d'une unité près, parce qu'il est compris entre 5 et 6. Si l'on réduit le dividende 37 en dixièmes, on aura 370, dont le quotient par 7 est 52 avec un reste 6. Mais le dividende exprimant des dixièmes, ou ayant été rendu dix fois plus grand, le quotient doit exprimer des dixièmes, ou doit être rendu dix fois plus petit ; c'est-à-dire que le quotient est 5,2. Or, comme le quotient de 370 par 7 est compris entre 52 et 53, il s'ensuit que celui de 37 par 7 est aussi compris entre 5,2 et 5,3, c'est-à-dire que l'un de ces deux nombres est le quotient de 37 par 5, à moins de 0,1.

Pour obtenir le quotient à moins de 0,01, il faudrait multiplier le nombre 37 par 100, faire la division et séparer deux décimales sur la droite du quotient. On aurait ainsi 5,28, qui est le quotient à moins de 0,01, parce que le véritable quotient est compris entre 5,28 et 5,29.

Au lieu de placer les zéros immédiatement sur la droite du dividende, on peut les placer successivement sur la droite des différents restes, quand on est arrivé au chiffre des unités. C'est ainsi qu'on trouverait que le quotient de 379 par 29 à moins de 0,001, est 13,068.

$$
\begin{array}{c|c}
379 & 29 \\
89 & \overline{13,068} \\
200 & \\
260 & \\
28 & \\
\end{array}
$$

Donc, *pour obtenir un quotient à moins d'une unité décimale d'un ordre déterminé, lorsqu'on est arrivé au chiffre des unités, on réduit le dernier reste en dixièmes, et l'on place le chiffre suivant du quotient au rang des dixièmes, on réduit en centièmes le reste suivant, qui exprime des dixièmes, et l'on continue de la sorte jusqu'à ce qu'on ait obtenu au quotient le chiffre décimal de l'ordre déterminé par l'approximation.*

Il est évident que la même règle s'appliquerait au cas où les nombres à diviser seraient décimaux, car il suffirait de rendre le diviseur entier, comme le dit la règle du § 65, et de mettre autant de décimales au dividende que le détermine le degré de l'approximation.

67. *Examiner dans quel cas il faut augmenter d'une unité le premier chiffre à droite d'un quotient, ou le laisser tel qu'il est.* — Lorsqu'on obtient le premier reste dans une division quelconque, on peut, à l'inspection de ce reste, conclure que le dernier chiffre du quotient doit être augmenté d'une unité ou bien rester tel qu'il est. Soit 59 à diviser par 8. Le quotient est 7 et le reste 3. Si le reste était 4, c'est-à-dire la moitié du diviseur 8, en réduisant ce reste en dixièmes, ce qui se ferait en le multipliant par 10, le quotient serait 5 ; car si l'on multiplie par 10 la moitié d'un nombre, le résultat doit être égal à cinq fois ce nombre. Si le reste était plus grand que 4, le chiffre suivant du quotient sera plus grand que 5, ou bien sera 5 suivi d'autres chiffres. Le reste étant plus petit que 4, le chiffre suivant du quotient sera moindre que 5. Cela posé, le quotient étant compris entre 7 et 8, il sera donc plus près de 7 que de 8 quand le reste sera plus petit que 4; il sera plus près de 8 que de 7 quand le reste sera plus grand que 4, et enfin il sera aussi éloigné de 7 que de 8 lorsque le reste sera égal à 4. En effet, si l'on cherche le quotient à moins de 0,1, on trouve 7,4. En prenant 7 pour quotient on commet donc une erreur moindre qu'en prenant 8.

Donc enfin, *lorsque le dernier reste, dans une division, est plus grand que la moitié du diviseur, on doit augmenter d'une unité le dernier chiffre du quotient. On doit le laisser tel qu'il est dans le cas contraire. Si le reste est égal à cette moitié, il est indifférent de faire ou de ne pas faire cette augmentation.*

Il est évident que la règle s'applique aux nombres décimaux. Ainsi dans la division du paragraphe précédent, le dernier reste 28 étant plus grand que la moitié de 29, on doit mettre 9 au lieu de 8 au dernier chiffre du quotient, parce que le véritable quotient est plus près de 13,069 que de 13,068.

D'après cela, on voit aisément ce qu'il y aurait à faire si l'on voulait supprimer des chiffres sur la droite d'un nombre décimal. Soit le nombre 3,1415926. Si l'on veut supprimer trois décimales sur la droite, il est évident qu'on devra écrire 3,1416, en augmentant le chiffre 5 d'une unité; tandis que si l'on veut en supprimer cinq, on écrira 3,14. En effet, le nombre 3,1416 est plus près du nombre proposé que 3,1415. Il en est de même de 3,14, qui en est plus près que 3,15.

Donc, *si l'on supprime des chiffres décimaux sur la droite d'un nombre décimal, on augmentera d'une unité le chiffre qui les précède, si le premier chiffre à gauche des chiffres supprimés est 5 ou plus grand que 5. On se contentera de faire la suppression, dans le cas contraire.*

68. *Preuve de la division et de la multiplication.* — Puisque le dividende est égal au produit du diviseur par le quotient, plus le reste, *on fera la preuve de la division en*

multipliant le diviseur par le quotient, et en ajoutant le reste au produit. Le résultat devra être égal au dividende.

Nous pouvons ajouter également que, pour faire la preuve de la multiplication, on pourra diviser le produit par l'un des facteurs, on devra retrouver l'autre ; car le dividende est un produit dont le diviseur et le quotient sont les deux facteurs.

On fera donc ainsi les preuves des divisions des §§ 57 et 65.

478	71,57	138,4
536	49	2,85
2868	644 13	6 920
1434	2862 8	110 72
2390	32 reste.	276 8
		185 reste.
256208	3507,25	394,625

69. *Diviser un nombre par un produit revient à diviser ce nombre par le premier facteur, le quotient obtenu par le second, et ainsi de suite.* — Soit le nombre 840 à diviser par le produit 30 des facteurs 2, 3 et 5. Nous supposerons dans ce qui va suivre, que 840 est divisible par 30, § 53. Nous démontrerons d'abord ce principe auxiliaire : *quand un nombre est divisible par un autre, il est divisible par tous les facteurs de cet autre.* Soit 840 qui est divisible par 30, et qui donne pour quotient 28. On aura alors $840 = 30.28$; ou, mettant à la place de 30 sa valeur 2.3.5, $840 = 2.3.5.28$. Or, nous pouvons supposer effectué le produit de tous les facteurs du second membre, excepté soit 2, soit 3, soit 5, et considérer 840 comme un produit de deux facteurs. Donc, 840 pourra être successivement divisé par 2, par 3 et par 5, et donner des quotients exacts.

Divisons maintenant 840 par 2, ce qui donne 420 ; ce quotient par 3, ce qui donne 140, quotient exact, car 420 est le produit des nombres 3, 5 et 28, et ce dernier quotient 140 par 5, ce qui donne 28. On aura donc la suite

des égalités : $840 = 420.2$; $420 = 140.3$; $140 = 28.5$.
Ou $840 = 140.3.2 = 28.5.3.2$. Le nombre 840 peut donc
être considéré comme un produit de deux facteurs, dont
l'un serait 28 et l'autre $2.3.5$, ou 30; donc enfin le
quotient de 840 par 30 est 28 ; mais ce nombre 28 a été
obtenu en divisant 840 par 2, puis le quotient par 3,
puis ce nouveau quotient par 5. Donc, *pour diviser un
nombre par un produit, on peut, etc.* — On profite souvent de ce principe pour simplifier des divisions : ainsi,
pour diviser 245 par 70, on le divise d'abord par 10, ce
qui donne 24,5 ; et l'on prend le septième de ce dernier
quotient, ce qui donne 3,5.

70. *On peut diviser deux nombres l'un par l'autre, en
supprimant dans le dividende, ou dans les facteurs du dividende, tous ceux du diviseur : le produit des autres facteurs
forme le quotient. Conséquemment, pour qu'un nombre soit
divisible par un autre, il faut qu'il contienne comme facteur
tous les facteurs de cet autre. Lorsqu'un nombre est divisible
par plusieurs autres, il est divisible par leur produit. Signe
indicatif de la division.* — En réunissant le principe précédent à la modification de l'énoncé du § 39 indiquée § 62,
on peut démontrer le présent paragraphe. Soit à diviser
le produit $12.5.6.21$ par le produit $4.7.5$. D'après
ce qu'on vient de démontrer, on peut obtenir le quotient
en divisant le dividende par 4, puis le quotient par 7,
puis le nouveau quotient par 5. Mais pour diviser $12.5.$
6.21 par 4, il suffit de diviser l'un de ses facteurs, tel
que 12 par 4, § 62. On a pour résultat $3.5.6.21$; divisant ce quotient par 7, en divisant le facteur 21 par 7, il
viendra $3.5.6.3$, et enfin divisant ce nouveau quotient
par 5, en divisant le facteur 5 par 5, on a pour quotient
définitif $3.6.3$, ou 54 ; mais on remarquera aisément
qu'en opérant ainsi on a successivement supprimé dans
le dividende ou dans les facteurs du dividende tous les
facteurs 4, 7 et 5 du diviseur. Donc le principe énoncé est
démontré.

Il résulte de ce principe que, *pour que la division de deux nombres puisse se faire, il faut que tous les facteurs du diviseur entrent aussi comme facteurs dans le dividende.*

Lorsqu'un nombre est divisible par plusieurs autres, il est divisible par leur produit. Car ces diviseurs entrent alors comme facteurs dans le nombre proposé, et en supposant leur produit effectué, il sera un des facteurs de ce nombre.

Lorsqu'on veut indiquer que deux nombres doivent être divisés l'un par l'autre, on les sépare par le signe (:) qui signifie *divisé par*, ou par un trait en les écrivant l'un au-dessous de l'autre. Ainsi, le produit 12.5.6.21 étant divisé par 4.7.5, on écrirait :

$$12.5.6.21 : 4.7.5 \text{ ou } \frac{12.5.6.21}{4.7.5}$$

L'une et l'autre de ces expressions représentent le quotient *indiqué ;* le quotient *effectué* serait 3.6.3 ou 54.

PROPRIÉTÉS GÉNÉRALES DES NOMBRES.

---

71. *Tout nombre qui en divise plusieurs autres divise exactement leur somme.* — Soit le nombre 3 diviseur de 12, de 9 et de 15, § 53. On peut en conclure que 3 sera un diviseur de la somme 36 de ces trois nombres. En effet, si 12, 9 et 15 contiennent chacun le nombre 3 un nombre exact de fois, leur somme 36 contiendra aussi 3 un nombre exact de fois marqué par la somme des quotients de 12, 9 et 15 par 3. Donc, etc.

72. *Tout nombre diviseur d'un autre est aussi diviseur des multiples de cet autre.* — Soit 3 diviseur de 12 ; il sera aussi diviseur de 36, multiple de 12. En effet, $36 = 12 + 12 + 12$; mais si 3 divise 12, il divise donc toutes les parties de la somme 36 ; donc il divise 36, § 71.

73. *Tout nombre qui en divise deux autres divise leur différence.* — Soit 3 qui divise 36 et 15 ; il divisera aussi la *différence* 21. En effet, si les nombres 36 et 15 contiennent chacun le nombre 3 un nombre exact de fois, en retranchant 15 de 36, on aura retranché un certain nombre de fois 3 d'un autre nombre de fois 3 ; donc le reste 21 sera encore un autre nombre de fois 3. Donc, etc.

74. *Caractère de divisibilité d'un nombre par* 2, 4, 8, 16..., *et en général par une puissance de* 2. *Nombre pair et nombre impair.*—Tout nombre de plus d'un chiffre peut être supposé composé d'un certain nombre de dizaines, plus du chiffre des unités. Or 10, ou une dizaine, est divisible par 2 ; la somme de plusieurs dizaines, § 72, est également divisible par 2. Si donc le chiffre des unités est divisible par 2, ou s'il est un des quatre chiffres 2, 4, 6, 8 ou zéro, toutes les parties du nombre proposé seront divisibles par 2 ; donc le nombre lui-même sera divisible par 2, § 71.

Donc, *tout nombre est divisible par* 2, *lorsque le chiffre de ses unités est divisible par* 2 *ou qu'il est égal à zéro.*

On appelle *nombre pair* un nombre qui est divisible par 2, et *nombre impair* un nombre qui ne l'est pas. On voit, d'après ce qui précède, que tout nombre pair est nécessairement terminé par un des quatre chiffres 2, 4, 6 ou 8.

Tout nombre est divisible par 4, *lorsque le chiffre formé par l'ensemble de ses deux premiers chiffres à droite est divisible par* 4. En effet, tout nombre comme 6324, qui a plus de deux chiffres, peut toujours être supposé formé de la somme d'un certain nombre de centaines 63, plus d'un certain nombre d'unités 24. Or, une centaine ou 100 est divisible par 4 ; plusieurs centaines donneront une somme divisible par 4 ; si donc la partie 24 est divisible par 4, le nombre 6324 lui-même sera divisible par 4. En effet, le quotient est 1581. Donc, etc.

On prouverait de la même manière que : *un nombre est divisible par* 8, *par* 16..., *lorsque l'ensemble de ses trois, de ses quatre... derniers chiffres, forme un nombre divisible par* 8, *par* 16..., parce que, en effet, une puissance quelconque de 10 est divisible par la même puissance de 2, puisqu'elle contient cetre puissance de 2 comme facteur, § 70.

75. *Tout nombre est divisible par* 5 *lorsqu'il est terminé par un* 5 *ou par un zéro.* — En effet, tout nombre comme 325, terminé par un 5, peut être supposé composé d'un certain nombre de dizaines, 32, plus de 5 unités. Or, plusieurs dizaines forment un nombre divisible par 5, puisque 10 est divisible par 5 ; donc, comme 5 est divisible par lui-même, toutes les parties de 325 étant divisibles par 5, le nombre 325 lui-même est divisible par 5.

Lorsque le chiffre des unités est un zéro, le nombre n'est alors composé que de dizaines ; donc il est divisible par 5.

76. *Caractères de divisibilité d'un nombre par* 3 *et par* 9. *Trouver le reste de la division.* — Avant de chercher les conditions pour qu'un nombre soit divisible par 9, nous prouverons d'abord qu'un chiffre quelconque, suivi d'un certain nombre de zéros, forme toujours un nombre qui est un multiple de 9, augmenté de ce chiffre significatif. En effet, tout nombre composé de chiffres 9 comme 999, par exemple, est un multiple de 9, car il peut être considéré comme le produit par 9 d'un nombre 111 formé d'autant de chiffres 1 qu'il y a de 9. Si donc on augmente ce nombre d'une unité, ce qui donne 1000, ou l'unité suivie d'autant de zéros qu'il y a de 9, ce nombre 1000 sera un multiple de 9 augmenté d'une unité. Il suit de là, que 2000, 3000..., seront des multiples de 9, augmentés de 2, de 3... unités.

Soit maintenant le nombre 68674. D'après ce qu'on vient de dire, et le nombre donné pouvant se décomposer en 60000 + 8000 + 600 + 70 + 4, les parties 60000, 8000, 600, 70 de ce nombre, seront des multiples de 9, respectivement augmentés des chiffres significatifs 6, 8, 6, 7 ; de sorte que le nombre proposé pourra être supposé composé d'un certain multiple de 9, augmenté de la somme des chiffres significatifs 6, 8, 6, 7 et 4. Si donc cette dernière somme est divisible par 9, toutes les parties du nombre proposé étant divisibles par 9, le nombre lui-même sera divisible par 9.

Donc, *pour qu'un nombre soit divisible par 9, il faut que la somme de ses chiffres considérés comme des unités simples soit divisible par 9.*

Ainsi le nombre précédent n'est pas divisible par 9. Le nombre 68679 est divisible par 9, parce que la somme 36 de ses chiffres est un multiple de 9.

Le reste de la division d'un nombre par 9, est le même que celui que l'on obtient en divisant par 9 la somme de ses chiffres significatifs. En effet, puisque le nombre 68764, par exemple, peut être supposé composé de deux parties, un multiple de 9 et la somme de ses chiffres significatifs, la première partie contenant 9 un nombre exact de fois, c'est la seconde partie qui doit donner le reste de la division. Donc, etc.

Ainsi le reste de la division du nombre 68764 par 9 est 4, parce que la somme 31 des chiffres significatifs, divisée par 9, donne 4 pour reste.

On trouverait également que, *pour qu'un nombre soit divisible par 3, il faut que la somme de ses chiffres, considérés comme des unités simples, soit divisible par 3; et que le reste de la division d'un nombre par 3 est le même que celui que l'on obtient en divisant par 3 la somme de ses chiffres significatifs.* On le démontrerait de la même manière, en faisant voir qu'un chiffre suivi d'un certain nombre de zéros est un multiple de 3 augmenté de ce chiffre significatif. En effet, un nombre composé de chiffres 9 est toujours un multiple de 3, aussi bien qu'il est un multiple de 9. Les autres conséquences se déduiraient également de celle-ci.

77. *Caractères de divisibilité d'un nombre par 11. Trouver le reste de la division.* — Nous prouverons d'abord que : *un chiffre suivi d'un nombre pair de zéros est un multiple de 11 augmenté de ce chiffre; et que, un chiffre suivi d'un*

*nombre impair de zéros est un multiple de 11 diminué de
ce chiffre.* Premièrement, si l'on retranche une unité d'un
nombre formé par l'unité suivie d'un nombre pair de
zéros, le reste sera composé d'un nombre pair de 9. Or,
99 étant divisible par 11, 9999 qui se compose de 9900+99
est aussi divisible par 11, 999999 l'est également ; donc
l'unité suivie d'un nombre pair de zéros est un multiple
de 11 augmenté de 1. Il suit de là qu'un chiffre quelconque suivi d'un nombre pair de zéros sera un multiple
de 11 augmenté de ce chiffre. Secondement, si l'on retranche une unité d'un nombre formé de l'unité suivie
d'un nombre impair de zéros, le reste sera composé d'un
nombre impair de 9. Or il manque deux unités à un
nombre impair de neuf pour être un multiple de 11, car
ce nombre pourra toujours être supposé composé d'un
nombre pair de neuf multipliés par 10 plus 9. Il manque
2 unités à 9 pour être un multiple de 11, donc il manque
deux unités à un nombre impair de 9 pour être un multiple de 11. Donc enfin, il ne manque qu'une unité à un
nombre formé de l'unité suivie d'un nombre impair de
zéros, pour être un multiple de 11. En d'autres termes, un
nombre composé de l'unité suivie d'un nombre impair de
zéros est un multiple de 11 diminué d'une unité. Il suit de
là qu'un chiffre quelconque suivi d'un nombre impair de
zéros est un multiple de 11 diminué de ce chiffre.

Cela posé, soit le nombre 673854 ; tout nombre est
composé, outre le chiffre des unités, de chiffres suivis
d'un nombre impair de zéros, et de chiffres suivis d'un
nombre pair de zéros. Ainsi le nombre proposé, outre
le chiffre 4, se compose de 50, 3000, 600000 et de 800,
70000. Les nombres 50, 3000, 600000, d'après ce qu'on
vient de dire, sont des multiples de 11 diminués respectivement de leur chiffre significatif ; les nombres 800, 70000
sont des multiples de 11 augmentés respectivement de
leur chiffre significatif. Donc le nombre proposé sera égal
à un multiple de 11 augmenté du chiffre des unités et

des chiffres significatifs 8 et 7, et diminué des chiffres 5, 3 et 6. Or il est facile de remarquer que le chiffre 4 des unités, ainsi que ceux 8 et 7, auxquels on le réunit, sont les chiffres de rang impair du nombre proposé à partir de la droite, et que les chiffres 5, 3 et 6 sont ceux de rang pair. Donc le nombre proposé peut être supposé formé de deux parties, l'une un multiple de 11, l'autre la somme des chiffres du rang impair diminuée de celle des chiffres de rang pair. La première partie est divisible par 11 ; si donc la seconde est divisible par 11, ou nulle, le nombre proposé lui-même sera divisible par 11.

Donc, *pour qu'un nombre soit divisible par 11, il faut qu'en retranchant la somme de chiffres de rang pair, à partir de la droite, de la somme des chiffres de rang impair, la différence soit nulle ou divisible par 11.*

Ainsi le nombre précédent n'est pas divisible par 11. Le nombre 67342 est divisible par 11, parce que la différence entre 2+3+6 et 4+7 est nulle. Le nombre 5361928 est divisible par 11, parce que la différence 22 entre 8+9 +6+5 et 2+1+3, est divisible par 11. Les quotients sont 6122 et 48448.

On ferait voir, comme pour la divisibilité par 9 et par 3, que *le reste de la division d'un nombre par 11 est le même que celui que l'on obtient en divisant par 11 la différence entre la somme des chiffres de rang impair et celle des chiffres de rang pair.*

Ainsi le reste de la division du nombre 673854 par 11 est 5, parce que la différence 19 — 14 entre la somme 19 des chiffres de rang impair et la somme 14 des chiffres de rang pair est 5. Pour le nombre 9163827, le reste est 2.

Il peut arriver que la somme des chiffres de rang pair soit plus grande que celle des chiffres de rang impair. Dans ce cas, on augmentera cette dernière somme d'autant de fois 11 qu'il sera nécessaire, pour que la soustraction puisse se faire. Ainsi, soit le nombre 9585. Comme on ne peut retrancher 17 de 10, on augmente 10 de 11, ce qui donne 21, dont on retranche 17. Le reste est 4. Soit encore 23916255, il faudrait retrancher 22 de 11, ou 22 de 22. Ce nombre est donc divisible par 11. Cette règle résulte de ce que 9585, par exemple, étant un multiple de 11 plus 10 moins 17, ce même nombre sera égal au multiple inférieur de 11 plus 11 plus 10 moins 17. Donc le reste de la division de 11 + 10 — 17 par 11 doit être le même que celui de la division de 9585 par 11.

78. *Caractères de divisibilité par le produit des nombres 2, 4, 8..., 3, 5, 11.* — Si l'on se reporte au principe auxiliaire cité § 69, on reconnaîtra aisément que, pour qu'un nombre soit divisible par 6, produit des facteurs 2 et 3, il faut qu'il soit divisible par chacun des facteurs de 6. Donc, quand on aura constaté qu'un nombre est divisible par 2 et par 3, on pourra en conclure qu'il est divisible par 6. Il en sera de même pour les caractères de divisibilité par les produits deux à deux, trois à trois, etc., des nombres 2, 4, 8, 16... 3, 5, 11. Ainsi, par exemple, le nombre 59235 étant divisible à la fois par 3, par 5 et par 11, est divisible par leur produit 165 ; en effet, le quotient est 359.

79. *Les caractères de divisibilité s'appliquent aux nombres décimaux.* — Il est clair que les caractères de divisibilité que nous venons de découvrir sont applicables aux nombres décimaux. Il suffira, pour les appliquer, de ne pas avoir égard à la virgule, et de considérer les nombres comme des nombres entiers. Ainsi, les nombres 2,8 ; 65,24 ; 3,25 ; 27,537 ; 6,93 ; 1246,74, sont divisibles : le 1er par 2, le 2e par 4, le 3e par 5, le 4e par 3, le 5e par 9, et le 6e par 11.

80. *Définir un nombre premier ; un diviseur commun à plusieurs nombres ; le plus grand commun diviseur de plusieurs nombres ; des nombres premiers entre eux ; les facteurs premiers d'un nombre. Trouver les nombres premiers.* — On appelle *nombre premier*, un nombre qui n'est divisible que par lui-même et par l'unité. 5, 7, 11, sont des nombres premiers.

On appelle *commun diviseur* à deux ou plusieurs nombres un nombre qui les divise tous exactement. 9, 15, 12, 24, ont 3 pour diviseur commun.

On appelle *plus grand commun diviseur* de deux ou de plusieurs nombres, le plus grand nombre qui puisse diviser à la fois les nombres proposés. 12, 30 et 36, ont 3, 2 et 6 pour diviseurs communs, mais ils ont 6 pour plus grand commun diviseur.

Plusieurs nombres sont *premiers entre eux*, lorsqu'ils n'ont aucun diviseur commun. Tels sont les nombres 10 et 21, les nombres 6 et 25.

Les *facteurs premiers* d'un nombre ne sont autre chose que ceux de ses diviseurs, qui sont des nombres premiers. Ainsi 36 a parmi ses diviseurs 4, 9 et 12, mais ses facteurs premiers sont 2 et 3, car $36 = 2.2.3.3$.

Pour trouver tous les nombres premiers, il est clair qu'il faut diviser successivement tous les nombres par tous ceux qui les précèdent. Quand un de ces nombres, ainsi divisé par tous les autres qui le précèdent, ne donne aucun quotient exact, on en conclut qu'il est premier. Il est évident qu'il faudra exclure de ces opérations tous les multiples des nombres premiers déjà découverts.

Les nombres premiers jusqu'à 100 sont 1, 3, 5, 7, 11, 13, 17, 19, 23, 29, 31, 37, 41, 43, 47, 53, 59, 61, 67, 71, 73, 79, 83, 89, 97.

81. *Recherche du plus grand commun diviseur entre deux nombres, règle générale.* — Soit proposé de trouver le plus grand commun diviseur entre 252 et 30. Ces deux nombres ne peuvent avoir de diviseur plus grand que le plus petit des deux, 30. Or, 30 se divise lui-même. Donc s'il divise 252, il sera nécessairement le plus grand commun diviseur des deux nombres proposés. Essayons donc la division de 252 par 30. Le quotient est 8 et le reste 12.

Nous allons prouver maintenant *que le plus grand commun diviseur entre les deux nombres proposés est le même que celui qui existe entre le plus petit des deux nombres et le reste de la division*. En effet, appelons D le plus grand commun diviseur cherché entre 252 et 30, et *d* celui qui existe entre 30 et 12. Puisque 252 divisé par 30 donne 8 pour quotient et 12 pour reste; on a, § 54, $252 = 30.8 + 12$. Or D doit diviser 252, il doit aussi diviser 30, et par conséquent son multiple 30.8; donc, puisque D divise deux nombres, 252 et 30.8, il doit diviser leur différence 12. Et puisqu'il doit diviser à la fois 30 et 12, il ne saurait être plus grand que le plus grand commun diviseur entre 30 et 12 que nous avons nommé *d*. Donc enfin D ne peut pas être plus grand que *d*. Mais, à son tour, *d*, plus grand commun diviseur supposé entre 30 et 12, doit diviser ces deux nombres, et par conséquent aussi le multiple de 30, 30.8. Donc, puisque *d* divise les deux parties 30.8 et 12 d'une somme 252, il doit diviser cette somme; et alors, puisqu'il divise à la fois 252 et 30, il ne saurait être plus grand que le plus grand commun diviseur entre 252 et 30 que nous avons nommé D. Donc enfin *d* ne peut pas être plus grand que D. Mais D ne peut pas non plus être plus grand que *d*; donc ces deux plus grands communs diviseurs, ne pouvant être plus grands l'un que l'autre, sont égaux.

Cela posé, la recherche du plus grand commun diviseur entre 252 et 30 est donc ramenée à celle entre 30 et 12. Nous répéterons alors le premier raisonnement que nous avons fait, et nous chercherons si 12 divise 30, auquel cas il serait le plus grand commun diviseur entre 30 et 12, et par conséquent aussi entre 252 et 30. La division donne 2 pour quotient et 6 de reste.

On prouverait comme précédemment que le plus grand commun diviseur entre 30 et 12 est le même que celui qui existe entre 12 et 6. On sera donc conduit à chercher ce dernier, et à diviser 12 par 6. Le quotient étant exact, on en conclut que 6 est le plus grand commun diviseur entre 12 et 6; qu'il est aussi celui des nombres 30 et 12, et enfin celui des nombres proposés 252 et 30.

D'où l'on conclut la règle générale suivante :

Pour trouver le plus grand commun diviseur de deux nombres, on divise le plus grand par le plus petit ; s'il n'y a point de reste, le plus petit nombre est le plus grand commun diviseur cherché. S'il y a un reste, on divise le plus petit nombre donné par ce premier reste, puis le premier reste par le deuxième, puis le deuxième par le troisième, et ainsi de suite jusqu'à ce qu'on obtienne un quotient exact. Le dernier reste qui a servi de diviseur est le plus grand commun diviseur cherché.

L'opération se dispose de la manière suivante :

$$
\begin{array}{c|c|c|c}
 & 8 & 2 & 2 \\
252 & 30 & 12 & 6 \\
12 & 6 & 0 &
\end{array}
$$

82. *Quand un des restes est un nombre premier, s'il ne divise pas le précédent, les deux nombres sont premiers entre eux. S'il le divise, il est leur plus grand commun diviseur.*

Le plus grand commun diviseur de deux nombres étant le même que celui de deux des restes consécutifs que l'on obtient en cherchant ce plus grand commun diviseur, il s'ensuit que si deux de ces restes sont premiers entre eux, on peut en conclure immédiatement, sans aller plus loin, que les deux nombres proposés n'ont pas de diviseur commun, ou sont premiers entre eux.

De plus, si l'un des restes était un nombre premier, comme il serait alors premier avec le reste précédent, s'il ne divisait pas ce reste, les deux nombres donnés n'auraient donc pas de commun diviseur. Si ce reste divise le précédent, il est alors le plus grand commun diviseur des deux nombres proposés.

83. *Tout commun diviseur de deux nombres divise leur plus grand commun diviseur.* — Soient les deux nombres 252 et 30 qui ont 3 pour diviseur commun. Si nous parvenons à démontrer que 3 divise tous les restes successifs que l'on obtient en cherchant le plus grand commun diviseur, il divisera ce plus grand commun diviseur, qui est lui-même un des restes. Or, on a $252=30.8+12$. 3 divisant 252 et 30, divise aussi 30.8, et par conséquent la différence 12 des nombres 252 et 30.8. Mais on aurait aussi $30=12.2+6$. et 3 divisant 30 et 12, divise également 6. En continuant ainsi, on voit que 3 divise tous les restes et par conséquent le plus grand commun diviseur 6, qui est un des restes.

84. *Plus grand commun diviseur de plusieurs nombres. Règle générale. Tout commun diviseur de plusieurs nombres divise leur plus grand commun diviseur.* — Ce dernier principe nous conduit à trouver le plus grand commun diviseur de plusieurs nombres. Soit proposé de trouver le plus grand commun diviseur de trois nombres, et désignons ces trois nombres par A, B et C pour simplifier le langage. Désignons par D le plus grand commun diviseur de A et de B, et appelons d le plus grand commun diviseur de D et de C. Nous allons prouver que ce dernier plus grand commun diviseur est celui des trois nombres donnés. En effet, le plus grand commun diviseur des trois nombres divise A et B, donc il divise leur plus grand commun diviseur D, § 83 ; et comme il divise aussi C, il divise alors à la fois C et D et doit diviser leur plus grand commun diviseur d. Il ne saurait donc être plus grand que d. A son tour d étant le plus grand commun diviseur de D et de C, doit les diviser tous deux. Or, divisant D, il divisera A et B, qui sont des multiples de D. Donc enfin, d divisera à la fois A, B et C. Mais s'il divise ces trois nombres, il ne peut pas être plus grand que leur plus grand commun diviseur. Nous venons de faire voir que ce plus grand commun diviseur ne saurait être plus grand que d : donc enfin, ces deux plus grands communs diviseurs ne pouvant être plus grands l'un que l'autre, sont égaux.

Donc, *pour trouver le plus grand commun diviseur entre trois nombres, il faut chercher le plus grand commun divi-*

*seur de deux de ces nombres, et le plus grand commun divi-
seur entre ce plus grand commun diviseur et le troisième
nombre. S'il y avait un quatrième nombre, il faudrait chercher le plus grand commun diviseur entre ce dernier plus
grand commun diviseur et le quatrième nombre. Ainsi de suite
pour un cinquième, etc., le dernier plus grand commun diviseur serait le nombre cherché.*

Tout diviseur d de plusieurs nombres A, B *et* C, *divise leur
plus grand commun diviseur.* Soit d qui divise A et B ; il divisera leur plus grand commun diviseur D, § 83. Alors d
divise D et C, donc il divisera leur plus grand commun
diviseur, qui est celui des trois nombres proposés.

85. *Décomposer un nombre en ses facteurs premiers.
Quand on n'en trouve pas jusqu'à la racine deuxième, on
peut affirmer que le nombre est premier.*

*Pour décomposer un nombre en ses facteurs premiers, on
divise ce nombre par le premier nombre premier* 2, *le quotient par* 2 *si la division est encore possible, le deuxième quotient par* 2, *et ainsi de suite autant de fois que cela peut se
faire. On fait la même opération sur le dernier quotient par*
3, *puis sur le nouveau quotient par* 5, *et ainsi de suite. Le
dernier quotient et tous les diviseurs dont on s'est servi sont
tous les facteurs premiers du nombre donné.*

Soit proposé de décomposer 60 en ses facteurs premiers ;
l'opération se dispose ainsi :

$$
\begin{array}{r|l}
60 & 2 \\
30 & 2 \\
15 & 3 \\
9 & 5
\end{array}
$$

Les facteurs premiers de 60 sont donc 2, 2, 3 et 5. En
effet, $60 = 30.2$, mais $30 = 15.2$, donc $60 = 15.2.2$.
Mais $15 = 3.5$, donc enfin, $60 = 3.5.2.2$, ou bien $60
= 2^2.3.5$, d'après la notation adoptée § 47.

Dans la recherche des facteurs premiers d'un nombre,
il peut arriver qu'on soit obligé de pousser les divisions
très-loin, lorsqu'on ne trouve pas de diviseurs. Il est facile

de démontrer que, dans ce cas, *il ne faut pousser les divisions que jusqu'à la racine deuxième du nombre proposé.*

En effet, si l'on n'a pas trouvé à un nombre de diviseur plus petit que sa racine deuxième, on n'en trouvera pas un plus grand que cette racine; car, si cela était possible, comme le nombre proposé est égal au produit de cette racine par elle-même, ie quotient par un nombre plus grand que la racine deuxième serait plus petit que cette racine, et le nombre proposé serait aussi divisible par ce quotient, ce qui est contre l'hypothèse.

Nous verrons plus tard comment on trouve la racine deuxième d'un nombre.

86. *Trouver tous les diviseurs d'un nombre.* — Lorsqu'on a décomposé un nombre en ses facteurs premiers, si l'on fait le produit de ces facteurs deux à deux, trois à trois..., tous ces produits seront les diviseurs de ce nombre, puisqu'ils y entreront comme facteurs; et ce nombre n'aura pas d'autres diviseurs, car, pour qu'un nombre en divise un autre, il faut qu'il soit facteur de cet autre, § 70.

Donc, *pour trouver tous les diviseurs d'un nombre il suffit de faire les produits des facteurs premiers, deux à deux, trois à trois...*

Soit proposé de trouver tous les diviseurs de 60. Le calcul se divise ainsi :

60	2
30	2... 4
15	3... 6... 12
5	5... 10... 15... 20... 30... 60

La seconde ligne renferme les produits des deux premiers facteurs, deux à deux; la troisième ligne, les produits des trois premiers facteurs, deux à deux et trois à trois, en omettant les produits déjà écrits; la quatrième ligne, les produits des quatre premiers facteurs, deux à deux, trois à trois et quatre à quatre, en omettant ceux déjà écrits. A tous ces diviseurs il faut ajouter 1, qui divise tous les nombres.

87. *Le plus grand commun diviseur de deux ou plusieurs nombres est égal au produit de leurs facteurs premiers communs. Nouvelle règle pour le déterminer.* — En effet, tout commun diviseur de deux ou plusieurs nombres divise leur plus grand commun diviseur, §§ 83 et 84. Donc, le plus grand commun diviseur de deux ou plusieurs nombres est divisible par tous les facteurs premiers qui sont communs à ces nombres. Il n'est pas divisible par d'autres facteurs, car tout diviseur du plus grand commun diviseur doit diviser les nombres proposés qui n'en sont que des multiples. Donc, les facteurs premiers communs aux nombres proposés sont les seuls qui puissent entrer dans la décomposition du plus grand commun diviseur en facteurs premiers. Donc, ce plus grand commun diviseur est le produit de ces facteurs premiers communs, et comme chaque facteur premier peut entrer plusieurs fois dans les nombres proposés, il faudra, dans la composition du plus grand commun diviseur, non-seulement faire entrer les facteurs premiers communs, mais prendre chaque facteur avec le plus faible exposant qu'il a dans les nombres proposés.

Ainsi, soit proposé de trouver le plus grand commun diviseur des trois nombres 840, 5940 et 2340. Après avoir décomposé ces nombres en leurs facteurs premiers, on trouve $840 = 2^3 . 3 . 5 . 7$; $5940 = 2^2 . 3^3 . 5 . 11$; $2340 = 2^2 . 3^2 . 5 . 13$. Les facteurs premiers communs sont 2, 3 et 5, le facteur 2 seul à la deuxième puissance. Le plus grand commun diviseur est donc $2^2 . 3 . 5 = 60$.

Donc, *pour trouver le plus grand commun diviseur de plusieurs nombres, il faut décomposer ces nombres en leurs facteurs premiers, et faire le produit des facteurs premiers communs, en prenant chacun d'eux avec le plus faible exposant qu'il a dans les nombres proposés.*

88. *Trouver le plus petit multiple commun de plusieurs nombres, ou le plus plus petit nombre divisible à la fois par plusieurs autres.* — On appelle *plus petit multiple commun* de plusieurs nombres, le plus petit nombre qui soit multiple de ces nombres, ou qui soit divisible à la fois par tous les nombres donnés.

Soient les trois nombres 96, 108 et 120. Décomposons ces nombres en leurs facteurs premiers, on aura $96 = 2^5 . 3$; $108 = 2^2 . 3^3$; $120 = 2^3 . 3 . 5$. Le plus petit multiple commun de ces trois nombres sera égal au produit des facteurs 2, 3 et 5 qui entrent dans ces trois nombres, chacun d'eux étant pris avec le plus haut exposant qu'il a dans les nombres proposés, c'est-à-dire sera égal à $2^5 . 3^3 . 5$.

En effet, $2^5 . 3^3 . 5$ est un multiple de chacun des nombres donnés, puisqu'il contient tous leurs facteurs; et il est en outre leur plus petit multiple commun, car tout multiple de 96 doit être divisible par 2^5, tout multiple de 108 doit être divisible par 3^3, et tout multiple de 120 doit être divisible par 5; donc, tout multiple commun des nombres donnés doit être divisible par 2^5, 3^3 et 5, et par conséquent, par le produit $2^5 . 3^3 . 5$, § 70. Or, $2^5 . 3^3 . 5$ est évidemment le plus petit nombre divisible par lui-même; donc, $2^5 . 3^3 . 5$ ou 4320 est le plus petit multiple commun des nombres donnés, ou le plus petit nombre qui soit divisible à la fois par tous les nombres donnés.

Donc, *pour trouver le plus petit multiple commun de plusieurs nombres, il faut les décomposer en leurs facteurs premiers, et faire le produit de tous leurs facteurs premiers différents, en affectant chacun d'eux du plus haut exposant qu'il a dans les nombres proposés.*

Lorsque les nombres donnés sont premiers entre eux, leur plus petit multiple commun est égal à leur produit.

DES FRACTIONS.

---

89. *Définitions : fraction, nombre fractionnaire, numérateur, dénominateur, termes. Assimilation des décimales à* *cette nouvelle espèce de nombres.* — Nous avons déjà défini *une fraction*, § 1, une partie de l'unité, et un *nombre fractionnaire*, la réunion d'une ou plusieurs unités, et d'une partie d'unité de la même espèce. Nous donnerons ici une définition plus explicite de cette nouvelle espèce de nombres; elle résulte de la manière dont on les obtient.

Si l'on supppose l'unité divisée en un certain nombre de parties égales, et si l'on prend une ou plusieurs de ces parties, le nombre qui en résulte s'appelle *fraction*. Ainsi, l'unité étant divisée en sept parties égales, une, deux, trois, quatre, cinq, six de ces parties, formeront autant de fractions.

Donc, *une fraction est un nombre composé d'une ou de plusieurs des parties égales de l'unité, quand il en contient moins qu'il n'y en a dans l'unité.*

Un nombre fractionnaire est un nombre composé de plusieurs parties de l'unité, quand il en contient plus qu'il n'y en a dans l'unité.

Ainsi, l'unité étant divisée en 7 parties égales, 3 de ces parties forment une fraction, et 11 de ces parties forment un nombre fractionnaire.

Le *dénominateur* d'une fraction est le nombre qui indique en combien de parties l'unité est partagée ; le *numérateur* est celui qui indique combien on prend de ces parties. Dans l'exemple précédent, 7 est le dénominateur et 5 le numérateur.

Le numérateur et le dénominateur se nomment aussi les deux termes de la fraction.

Le dénominateur détermine l'espèce de la fraction, et le numérateur détermine sa grandeur.

Les fractions décimales ne sont, comme on le voit, que des exemples particuliers des fractions générales, et pour la formation desquelles l'unité a été successivement partagée en 10, 100... parties égales, en prenant une ou plusieurs de ces parties. Nous verrons bientôt comment on peut transformer des nombres de la première forme en nombres de la seconde, et réciproquement.

90. *Ecrire et énoncer une fraction.* — On écrit une fraction en plaçant le dénominateur au-dessous du numérateur, et les séparant par un trait horizontal.

La fraction ayant 5 pour numérateur et 7 pour dénominateur, s'écrit : $\frac{5}{7}$.

Pour énoncer une fraction, on énonce d'abord le numérateur, puis le dénominateur, en faisant suivre le nom de ce dernier nombre de la terminaison *ième*. Ainsi, la fraction $\frac{5}{7}$ s'énonce *cinq septièmes*.

Il n'y a d'exceptions que pour les fractions qui ont 2, 3 et 4 pour dénominateurs. Alors on remplace le nom du dénominateur par les mots : *demi, tiers* et *quart*. Les fractions $\frac{1}{2}$, $\frac{2}{3}$, $\frac{3}{4}$ s'énonceront : *un demi, deux tiers, trois quarts*.

On se sert aussi quelquefois de l'expression *cinq sur sept* pour désigner la fraction $\frac{5}{7}$. Cette manière d'énoncer est commode lorsque les termes de la fraction sont décomposés en facteurs.

91. *Une fraction peut être considérée comme le quotient de son numérateur par son dénominateur.* — On peut envisager les fractions sous un autre point de vue et les considérer comme le quotient de leur numérateur par leur dénominateur. En effet, supposons qu'il soit question de la fraction $\frac{5}{7}$. On a $5 = 1 + 1 + 1 + 1 + 1$. Si l'on divise les deux nombres de cette égalité par 7, on aura pour le premier membre 5 : 7, ou le quotient de 5 par 7. Pour diviser par 7 le second membre, il faut diviser par 7, ou prendre le septième de chacune des parties dont il se compose, c'est-à-dire le septième de 1, plus le septième de 1..., ou le septième de 1 répété cinq fois. Mais le septième de 1 répété cinq fois, n'est autre chose que la fraction $\frac{5}{7}$. Donc enfin, le quotient de 5 par 7 est égal à la fraction $\frac{5}{7}$, et réciproquement ; ou, en d'autres termes, comme diviser 5 par 7, c'est prendre le septième de cinq unités, *le septième de cinq unités est donc égal aux $\frac{5}{7}$ d'une unité.*

92. *Trouver le quotient exact d'une division.* — Le paragraphe précédent nous fournit le moyen de trouver l'ex-

pression exacte du quotient dans une division où la partie
entière de ce quotient n'est qu'approchée. Soit 37 à diviser
par 7, le quotient est 5, et le reste 2. En écrivant 5 pour
résultat au quotient, on n'a pris que le septième de 35 ; il
reste encore à prendre le septième du reste 2, et à l'ajouter
au quotient 5. Or, le quotient de 2 par 7 étant égal à la
fraction $\frac{2}{7}$, on aura donc pour l'expression rigoureusement
exacte du quotient : $5 + \frac{2}{7}$.

*Donc, quand deux nombres entiers ne sont pas divisibles
l'un par l'autre, pour avoir le quotient exact, il faut ajouter
au quotient obtenu une fraction dont le numérateur est le
reste, et le dénominateur le diviseur.*

Cette règle s'applique également aux nombres décimaux.
Soit 3,58 à diviser par 2,6, et soit d'abord proposé d'obtenir le quotient à moins de 0,01 près, § 66. On trouvera
1,37 pour quotient et 18 centièmes pour reste. Donc, le
quotient exact sera 1,37 plus $\frac{18}{26}$ de centième ou $+ \frac{0,18}{2,6}$.

93. *Extraire les unités d'un nombre fractionnaire.* —
Nous déduisons également du principe du § 91 le moyen
d'extraire les unités d'un nombre fractionnaire. Soit le
nombre $\frac{32}{9}$. Puisque $\frac{32}{9}$ peut être considéré comme le quotient de 32 par 9, nous effectuerons la division de 32 par
9, et nous aurons 3 pour quotient et 5 pour reste. Donc,
le quotient exact de 32 par 9 est $3 + \frac{5}{9}$. Le nombre fractionnaire $\frac{32}{9}$ équivaut donc à $3 + \frac{5}{9}$.

*Donc, pour extraire les unités contenues dans un nombre
fractionnaire, il suffit de diviser le numérateur par le dénominateur, et le quotient entier donne les unités cherchées.
Pour compléter ce quotient, il faut lui ajouter une fraction
dont le numérateur est le reste, et dont le dénominateur est
le dénominateur précédent.*

94. *Il y a deux moyens pour multiplier et diviser une fraction par un nombre ; l'un d'eux seul est toujours applicable.
On ne change pas la valeur d'une fraction en multipliant ou
divisant ses deux termes par un même nombre.*

Lorsqu'on multiplie le numérateur d'une fraction par un

nombre, on multiplie la fraction par ce nombre. — Soit la fraction $\frac{2}{7}$. Si nous multiplions le numérateur par 3, nous aurons $\frac{6}{7}$. Or, en rendant le numérateur trois fois plus grand, nous avons pris trois fois plus de parties, et, puisque le dénominateur n'a pas changé, ces parties sont restées de même grandeur ; donc la fraction est devenue trois fois plus grande.

Lorsqu'on divise le numérateur d'une fraction par un nombre, on divise la fraction par ce nombre. — Soit la fraction $\frac{8}{9}$. Si nous divisons le numérateur par 4, nous aurons $\frac{2}{9}$. Or, en rendant le numérateur quatre fois plus petit, nous avons pris quatre fois moins de parties, et ces parties sont restées de même grandeur; donc la fraction est devenue quatre fois plus petite.

Lorsqu'on multiplie le dénominateur d'une fraction par un nombre, on divise la fraction par ce nombre. — Soit la fraction $\frac{2}{3}$. Si nous multiplions son dénominateur par 5, nous aurons $\frac{2}{15}$. Or, en rendant le dénominateur cinq fois plus grand, nous avons rendu les parties cinq fois plus petites, puisque l'unité se trouve ainsi partagée en cinq fois plus de parties ; et comme on prend toujours le même nombre de ces parties, il s'ensuit que la fraction donnée est devenue cinq fois plus petite.

Lorsqu'on divise le dénominateur d'une fraction par un nombre on multiplie la fraction par ce nombre. — Soit la fraction $\frac{5}{12}$. Si nous divisons son dénominateur par 2, nous aurons $\frac{5}{6}$. Or, en rendant le dénominateur deux fois plus petit, nous avons rendu les parties de l'unité deux fois plus grandes, puisque l'unité se trouve ainsi partagée en deux fois moins de parties; et comme on prend toujours le même nombre de ces parties, il s'ensuit que la fraction donnée est devenue deux fois plus grande.

D'après ce qu'on vient de voir, il y a deux manières de multiplier et de diviser une fraction par un nombre. On la multiplie en multipliant le numérateur ou en divisant le dénominateur ; on la divise en divisant le numérateur ou en multipliant le dénominateur. Mais le procédé de la division n'est pas toujours applicable, puisqu'il faut pour cela que le numérateur ou le dénominateur soit divisible par le nombre donné.

Puisque, en multipliant les deux termes d'une fraction par un nombre quelconque, d'une part on la multiplie, et de l'autre on la divise par ce nombre, et que, en divisant ses deux termes par un nombre quelconque, d'une part on la divise et de l'autre on la multiplie par ce nombre, il s'ensuit qu'*on ne change pas la valeur d'une fraction en multipliant ou divisant ses deux termes par un même nombre.*

95. *Simplification des fractions. Fractions irréductibles.* — Le dernier principe nous donne le moyen de simplifier une fraction, c'est-à-dire de diminuer ses deux termes. En effet, si les deux termes ont un diviseur commun, on pourra les diviser par ce diviseur, et la fraction sera transformée en une autre équivalente qui aura de moindres termes. Soit, par exemple, la fraction $\frac{12}{15}$. Les deux termes ont 3 pour diviseur commun ; la fraction se réduit donc à $\frac{4}{5}$.

Si donc on cherche le plus grand commun diviseur des deux termes d'une fraction, on pourra simplifier cette fraction en divisant ses deux termes par ce plus grand commun diviseur. Ainsi, soit la fraction $\frac{66}{420}$. On trouve 6 pour plus grand commun diviseur des deux termes ; donc la fraction se réduit à $\frac{11}{70}$.

Souvent on ne cherche pas le plus grand commun diviseur des deux termes, et l'on se contente de chercher leurs facteurs communs. Pour cela, on divise ces deux termes par 2, si cela est possible, le quotient par 2 et ainsi de suite jusqu'à ce que le facteur 2 ne soit plus commun. On essaye alors la division du quotient par le second nombre premier 3, jusqu'à ce que la division ne soit plus possible, et ainsi de suite pour les autres nombres premiers.

C'est ainsi que la fraction $\frac{360}{3780}$ se réduit successivement aux suivantes :

$\frac{36}{378}$, $\frac{18}{189}$, $\frac{6}{63}$, $\frac{2}{21}$, en supprimant immédiatement le facteur 10 qui est visiblement commun aux deux termes.

On dit qu'une fraction est *irréductible* lorsque ses deux termes n'ont aucun facteur commun ou sont premiers entre eux.

96. *Comparaison de deux fractions. De deux fractions qui ont le même dénominateur, la plus grande est celle qui a le plus grand numérateur.* — En effet, soient les fractions $\frac{5}{7}$ et $\frac{2}{7}$. Dans ces deux fractions, l'unité est partagée en un même nombre de parties, mais dans la première on en prend 5, tandis que dans la seconde on n'en prend que 2. Donc, la première est la plus grande des deux.

De deux fractions qui ont le même numérateur, la plus grande est celle qui a le plus petit dénominateur. En effet, soient les fractions $\frac{4}{5}$ et $\frac{4}{7}$. Dans la première, les parties sont plus grandes que dans la seconde, car il y en a moins dans l'unité ; mais on en prend le même nombre 4 dans les deux fractions, donc la première est la plus grande des deux.

Pour comparer deux fractions qui n'ont ni le même dénominateur ni le même numérateur, il faut alors les *réduire au même dénominateur*, ce que nous saurons bientôt faire, § 98, et résoudre la question comme nous venons de le faire.

97. *Une fraction devient plus grande quand on ajoute un même nombre à ses deux termes ; elle devient plus petite quand on soustrait un même nombre de ses deux termes.* — Nous avons prouvé, § 94, qu'on ne changeait pas la valeur d'une fraction en multipliant ou en divisant ses deux termes par un même nombre. Nous allons faire voir maintenant qu'elle change au contraire de valeur quand on ajoute un même nombre à ses deux termes, ou quand on en retranche un même nombre. Dans le premier cas la fraction augmente, dans le second elle diminue.

Soit la fraction $\frac{5}{9}$. Si nous ajoutons 2 aux deux termes, elle devient $\frac{7}{11}$. Or, l'unité se composant de 9 neuvièmes, la fraction $\frac{5}{9}$ diffère de l'unité de $\frac{4}{9}$. De même, la fraction $\frac{7}{11}$ diffère de l'unité de $\frac{4}{11}$. Mais des deux fractions $\frac{4}{9}$ et $\frac{4}{11}$, la plus grande est la fraction $\frac{4}{9}$, § 96. Donc, la fraction donnée $\frac{5}{9}$ diffère plus de l'unité que n'en diffère la fraction transformée $\frac{7}{11}$. Donc enfin, en ajoutant 2 aux deux termes de la fraction $\frac{5}{9}$, elle est devenue plus grande.

Pour généraliser ce raisonnement et faire voir qu'il ne s'applique pas seulement à la fraction $\frac{5}{9}$ et au nombre 2 ajouté à ses deux termes, il suffit de faire voir que les deux fractions $\frac{4}{9}$ et $\frac{4}{11}$, qui représentent les différences des deux fractions données et transformées avec l'unité, auront toujours un même numérateur; car, comme le dénominateur de la seconde sera toujours nécessairement plus grand que celui de la première, on en conclura aussi que la fraction $\frac{4}{9}$, quel que soit l'exemple fourni, sera toujours plus grande que $\frac{4}{11}$, et que par conséquent la fraction donnée sera plus petite que la transformée, puisqu'elle diffère plus de l'unité que n'en différera celle transformée. Or, pour obtenir le numérateur 4 de la fraction $\frac{4}{9}$, qui représente la quantité dont la fraction $\frac{5}{9}$ diffère de l'unité, on a pris la différence 4 entre le dénominateur et le numérateur, et l'on a divisé cette différence par le dénominateur 9. On a opéré de la même manière pour avoir le numérateur 4 de la fraction $\frac{4}{11}$ qui exprime la quantité dont la fraction $\frac{7}{11}$ diffère de l'unité. Mais la différence entre les deux nombres 11 et 7 sera toujours égale à la différence entre 9 et 5, quel que soit l'exemple proposé ; car, en ajoutant un même nombre aux deux nombres 9 et 5, on ne change pas leur différence. Donc, enfin, notre raisonnement est général.

Il serait aussi facile de prouver qu'une fraction diminue quand on soustrait un même nombre de ses deux termes; car, soit la même fraction $\frac{5}{9}$. En retranchant 2 aux deux termes, on a $\frac{3}{7}$. Or, les deux fractions $\frac{5}{9}$ et $\frac{3}{7}$ diffèrent de l'unité, l'une de $\frac{4}{9}$ et l'autre de $\frac{2}{7}$. Mais ici, c'est la seconde des deux fractions $\frac{2}{9}$ et $\frac{4}{7}$ qui est la plus grande. Donc la fraction transformée $\frac{2}{7}$ est plus petite que la fraction donnée $\frac{5}{9}$. On généraliserait le raisonnement comme pour le premier cas.

Pour un nombre fractionnaire, les principes que nous venons de poser seraient inverses, c'est-à-dire qu'en augmentant les deux termes on rendrait plus petit le nombre fractionnaire, et en les diminuant on le rendrait plus grand. En effet, soit le nombre fractionnaire $\frac{12}{7}$ qui devient $\frac{14}{9}$ par l'addition de deux unités à ses deux termes. Comme le nombre $\frac{12}{7}$ est égal à $1 + \frac{5}{7}$ et que le nombre $\frac{14}{9}$ est égal à $1 + \frac{5}{9}$, ici, au lieu de dire que les nombres $\frac{12}{7}$ et $\frac{14}{9}$ diffèrent de l'unité de $\frac{5}{7}$ et de $\frac{5}{9}$, on voit que ces nombres surpassent, au contraire, l'unité de $\frac{5}{7}$ et de $\frac{5}{9}$. Donc le nombre donné $\frac{12}{7}$ surpassant l'unité d'une quantité plus grande que ne le fait le nombre transformé, ce dernier est nécessairement le plus petit des deux. On prouverait également l'autre cas.

98. *Réduction de deux ou plusieurs fractions à un même dénominateur et au plus petit dénominateur commun.* — On a déjà vu, § 96, qu'il pourrait être utile de pouvoir réduire plusieurs fractions à un même dénominateur. Cet exemple n'est pas le seul où cette transformation soit utilisée. On a besoin de l'opérer dans tous les cas où les fractions doivent être de même espèce. Or, on sait que c'est le dénominateur qui donne la nature de la fraction, § 89. Nous allons chercher d'abord la règle générale pour réduire plusieurs fractions au même dénominateur, puis nous nous occuperons *de les réduire au plus petit dénominateur commun.*

Soit proposé, pour premier exemple, de réduire les fractions $\frac{5}{6}$ et $\frac{3}{8}$ au même dénominateur. Si nous multiplions le premier dénominateur 6 par le second 8, et le second 8 par le premier 6, nous les aurons ainsi rendus égaux ; et, pour ne pas altérer la valeur de chacune des fractions,

nous n'aurons qu'à multiplier également le numérateur
de la première par 8 et le numérateur de la seconde par 6.
Nous aurons ainsi $\frac{40}{48}$ et $\frac{18}{48}$. On voit donc que, *pour réduire
deux fractions au même dénominateur, il suffit de multi-
plier les deux termes de chacune d'elles par le dénominateur
de l'autre.*

Soient maintenant plusieurs fractions $\frac{2}{3} \frac{3}{4} \frac{5}{9} \frac{7}{12}$ en nombre
quelconque. Nous pourrons encore faire un dénominateur
commun en multipliant chacun d'eux par le produit des
trois autres. Mais pour ne pas altérer la valeur de chaque
fraction, nous devrons aussi multiplier chaque numérateur
par ce même produit. Ainsi, en multipliant les deux termes
de la première fraction $\frac{2}{3}$ par $4.9.12$ ou 432 ; les deux
termes de la seconde $\frac{3}{4}$ par $3.9.12$ ou 324, et enfin les deux
termes de la quatrième $\frac{7}{12}$ par $3.4.9$ ou 108, nous aurons,
pour remplacer les fractions données, les fractions $\frac{864}{1296}$, $\frac{972}{1296}$,
$\frac{720}{1296}$, $\frac{756}{1296}$, qui auront le même dénominateur, car ils sont
égaux au produit des premiers dans un ordre quelconque.
Les fractions transformées sont respectivement égales aux
fractions données, car on a multiplié les deux termes de
chacune d'elles par un même nombre.

En remarquant que le dénominateur commun est le produit de tous les dénominateurs des fractions proposées,
on voit aisément qu'on peut simplifier l'opération précédente, et ne pas faire successivement le produit de tous
les dénominateurs moins un. En effet, lorsqu'on a obtenu
le dénominateur commun, si on le divise par chacun des
dénominateurs, le quotient sera le nombre par lequel il
faut multiplier les deux termes pour obtenir le résultat
demandé. Ainsi, dans l'exemple précédent, le produit des
dénominateurs étant 1296, en le divisant successivement
par 3,4,9 et 12, on obtient les quotients 432, 324, 144,
108. Il suffit maintenant de multiplier tous les numérateurs respectivement par ces quatre nombres et de donner
aux produits le dénominateur 1296, ce qui donne enfin
$\frac{864}{1296}$, $\frac{972}{1296}$, $\frac{720}{1296}$, $\frac{756}{1296}$, comme précédemment.

Donc, *pour réduire plusieurs fractions au même dénomi-nateur, on multiplie les deux termes de chacune d'elles par le produit des dénominateurs de toutes les autres ; ou bien, on fait le produit de tous les dénominateurs, on divise ce pro-duit par le dénominateur de chaque fraction, et l'on multiplie tous les numérateurs par le quotient correspondant. On donne ensuite à tous ces produits, pour dénominateur, le produit des dénominateurs des fractions données.*

Il peut arriver que l'un des dénominateurs soit multiple de tous les autres. Dans ce cas, le dénominateur commun peut être ce multiple, et il suffit alors d'appliquer la règle précédente. Ainsi, soient les fractions $\frac{2}{3}$, $\frac{3}{4}$, $\frac{5}{12}$, $\frac{1}{6}$, le déno-minateur 12 est multiple de tous les autres. Si donc nous divisons 12 successivement par 3, 4 et 6, nous aurons pour quotients 4, 3 et 2, et nous multiplierons les deux termes de chaque fraction par le quotient correspondant, ce qui donnera $\frac{8}{12}$, $\frac{9}{12}$, $\frac{5}{12}$, $\frac{2}{12}$. En employant le procédé gé-néral, on a un dénominateur commun beaucoup plus grand, car il est égal à 864, et les fractions transformées sont $\frac{576}{864}$, $\frac{648}{864}$, $\frac{360}{864}$, $\frac{144}{864}$, fractions beaucoup moins simples que les précédentes.

Enfin, dans un grand nombre de cas, il sera possible d'obtenir un dénominateur plus petit que celui que l'on obtient par la méthode générale : c'est lorsque deux ou plusieurs dénominateurs auraient des facteurs communs. Or, comme le dénominateur commun doit toujours être un multiple de tous les autres, on voit que le plus petit multiple de ces dénominateurs sera alors le plus petit dé-nominateur commun. Reprenons l'exemple que nous avons déjà choisi des quatre fractions $\frac{2}{3}$, $\frac{3}{4}$, $\frac{5}{9}$, $\frac{7}{12}$, et qui don-naient pour dénominateur commun 1296. En cherchant le plus petit multiple des dénominateurs par la méthode du § 88, nous trouvons $2^2 . 3^3$. ou 36 pour ce nombre. Si donc nous divisons 36 successivement par 3, 4, 9 et 12, nous aurons pour quotient 12, 9, 4 et 3, et en multi-pliant les deux termes de chaque fraction par le quotient correspondant, nous avons $\frac{24}{36}$, $\frac{27}{36}$, $\frac{20}{36}$, $\frac{21}{36}$, fractions beaucoup plus simples que celles obtenues par la méthode générale.

Il faudra toujours préférer ce dernier procédé à la méthode générale.

Il est clair que lorsque les dénominateurs n'auront pas de facteurs communs, le plus petit dénominateur commun sera alors le produit de tous les dénominateurs.

Donc, *pour réduire plusieurs fractions au plus petit dénominateur commun, il faudra chercher le plus petit multiple des dénominateurs; ce sera le plus petit dénominateur commun. Pour avoir les numérateurs, il suffira de diviser le plus petit multiple par chaque dénominateur, et de multiplier le numérateur de chaque fraction par le quotient correspondant.*

Soit, pour dernier exemple, les fractions $\frac{19}{360}$, $\frac{17}{252}$, $\frac{23}{756}$. En décomposant les dénominateurs en facteurs premiers, on trouve $360 = 2^3 \cdot 3^2 \cdot 5$; $252 = 2^2 \cdot 3^2 \cdot 7$; $756 = 2^2 \cdot 3^3 \cdot 7$. Le plus petit multiple $= 2^3 \cdot 3^3 \cdot 5 \cdot 7 = 7560$. Les quotients sont $3 \cdot 7, 2 \cdot 3 \cdot 5$ et $2 \cdot 5$, ou 21, 30 et 10. Multipliant les numérateurs par ces nombres, on a 399, 510 et 230. Donc, les fractions transformées sont $\frac{399}{7560}$, $\frac{510}{7560}$, $\frac{230}{7560}$. Elles seraient $\frac{3619728}{68584320}$, $\frac{1905120}{68584320}$, $\frac{2086560}{68584320}$, par la méthode générale.

99. *Réduire un nombre entier en nombre fractionnaire d'une espèce donnée.* — Soit proposé de réduire le nombre 4 en septièmes. Comme l'unité vaut 7 septièmes, 4 unités vaudront 4 fois autant ou 28 septièmes, ou $\frac{28}{7}$. Donc, *pour réduire un nombre entier en fraction d'une espèce donnée, il faut multiplier ce nombre par le dénominateur de la fraction, et donner au produit pour dénominateur ce même dénominateur.*

100. *Addition des fractions, des entiers et des fractions.* — Il peut se présenter deux cas : ou les fractions ont le même dénominateur, ou elles ont des dénominateurs différents. Pour le premier cas, choisissons les fractions $\frac{5}{11}$, $\frac{2}{11}$

et $\frac{8}{11}$. Comme ces fractions sont de même espèce, c'est-à-dire que les parties de l'unité sont de même grandeur, et que dans la première on en prend 5, dans la seconde 2 et dans la troisième 8, il s'ensuit que si on veut les réunir par voie d'addition, il suffit d'ajouter les numérateurs, ce qui donne 15. Or, ce nombre représente des parties de l'unité égales à des onzièmes. Donc la somme des fractions données est $\frac{15}{11}$ ou $1 + \frac{4}{11}$, § 93.

Donc, *pour additionner les fractions qui ont le même dénominateur, il faut ajouter les numérateurs et donner pour dénominateur à la somme le dénominateur commun.*

Dans le deuxième cas, c'est-à-dire *dans le cas où les fractions n'auraient pas le même dénominateur, il faudrait les réduire au plus petit dénominateur commun, et achever l'opération comme pour le cas précédent.*

D'après cette règle : $\frac{2}{3} + \frac{3}{4} + \frac{5}{9} + \frac{7}{12} = \frac{24}{36} + \frac{27}{36} + \frac{20}{36} + \frac{21}{36} = \frac{92}{36} = 2 + \frac{20}{36} = 2 + \frac{5}{9}$, § 95.

Pour ajouter un entier à une fraction, il est clair qu'il faudra réduire l'entier en nombre fractionnaire de la même espèce que la fraction donnée, et appliquer la première règle. Ainsi, $4 + \frac{5}{7}$ est égal à $\frac{28}{7} + \frac{5}{7}$ ou $\frac{33}{7}$.

Si l'on avait une quantité de la forme $2 + \frac{6}{7}$ à ajouter à une autre $3 + \frac{5}{9}$ de la même forme, on réduirait ces deux quantités en nombres fractionnaires, § 99, et l'on ajouterait les résultats comme pour les fractions. Ainsi, $2 + \frac{6}{7} = \frac{20}{7}$; $3 + \frac{5}{9} = \frac{32}{9}$; donc, $\frac{20}{7} + \frac{32}{9} = \frac{180}{63} + \frac{224}{63} = \frac{404}{63} = 6 + \frac{26}{63}$.

101. *Soustraction des fractions ; des entiers et des fractions.* — Il peut également se présenter deux cas dans la soustraction des fractions : ou elles ont le même dénominateur, ou elles ont des dénominateurs différents. Le raisonnement serait ici le même que pour l'addition, et l'on est ainsi conduit à cette règle :

Pour soustraire deux fractions qui ont le même dénominateur, il faut faire la soustraction des numérateurs et donner pour dénominateur au reste le dénominateur commun.

Lorsque les fractions n'ont pas le même dénominateur, on les réduit au plus petit dénominateur commun, et l'on achève l'opération comme dans le cas précédent.

Soit à soustraire $\frac{2}{7}$ de $\frac{5}{7}$. Le résultat est $\frac{3}{7}$.

Soit à soustraire $\frac{7}{15}$ de $\frac{8}{9}$. Le plus petit dénominateur commun est 45 ; donc on aura à soustraire $\frac{21}{45}$ de $\frac{40}{45}$, ce qui donne $\frac{19}{45}$.

Si l'on a $\frac{5}{7}$ à retrancher de 4, nous réduirons 4 en septièmes, ce qui donne $\frac{8}{7}$, et nous effectuerons la soustraction d'après la règle : $\frac{28}{7} - \frac{5}{7} = \frac{23}{7} = 3 + \frac{2}{7}$.

Si l'on a $2 - \frac{5}{7}$ à soustraire de $5 + \frac{6}{9}$, on réduira ces expressions en nombres fractionnaires, ce qui donne $\frac{9}{7}$ et $\frac{51}{9}$, et l'on fera la soustraction d'après la règle. Ainsi, $\frac{51}{9} - \frac{9}{7}$
$= \frac{357}{63} - \frac{81}{63} = \frac{276}{63} = \frac{92}{21} = 4 + \frac{8}{21}$.

102. *Multiplication des fractions ; d'un entier par une fraction, ou d'une fraction par un entier ; d'un nombre quelconque de fractions et d'entiers ; simplifications. Multiplication d'entiers joints à des fractions.* — Nous avons donné, § 32, la définition générale de la multiplication. D'après cette définition, multiplier une fraction par une fraction, c'est donc composer un nombre avec la fraction multiplicande de la même manière que la fraction multiplicateur est composée avec l'unité. Soit proposé de multiplier $\frac{2}{3}$ par $\frac{4}{5}$. La fraction $\frac{4}{5}$ étant formée du cinquième de l'unité répétée quatre fois, pour faire le produit, nous devrons donc prendre le cinquième du multiplicande, et le répéter quatre fois. Mais prendre le cinquième d'une quantité, c'est la diviser par 5, ou la rendre cinq fois plus petite. Or, pour diviser $\frac{2}{3}$ par 5, § 94, il faut multiplier son dénominateur par 5, ce qui donne $\dfrac{2}{3 \cdot 5}$. Cette dernière quantité doit être répétée quatre fois, ce qui se fera en multipliant son numérateur par 4, § 94. On aura donc pour produit $\dfrac{2 \cdot 4}{3 \cdot 5}$ ou $\frac{8}{15}$.

Si l'on fait attention à la forme non effectuée du produit, on en conclura aisément la règle générale suivante :

Pour multiplier deux fractions l'une par l'autre, il faut multiplier les numérateurs entre eux et les dénominateurs entre eux, et diviser le premier produit par le second.

Soit maintenant un entier 5 à multiplier par une fraction $\frac{4}{7}$. On répéterait ici le raisonnement que nous venons de faire. Pour trouver le produit, nous devons prendre les $\frac{4}{7}$ du nombre 5, puisque $\frac{4}{7}$ est les $\frac{4}{7}$ de l'unité. Or, le septième de 5, c'est 5 : 7 ou $\frac{5}{7}$, § 91. Ce septième, répété quatre fois, donnera $\dfrac{5 \cdot 4}{7}$ ou $\frac{20}{7}$ qui est le produit demandé. Donc, pour multiplier un entier par une fraction, il faut multiplier l'entier par le numérateur de la fraction, et donner à ce produit pour dénominateur celui de la fraction.

Soit à multiplier, au contraire, la fraction $\frac{4}{7}$ par l'entier 5. Ici le multiplicateur se compose de cinq fois l'unité ; donc le produit se composera de cinq fois $\frac{4}{7}$. Or, nous savons déjà multiplier une fraction par un nombre, § 94 : il faut multiplier le numérateur de la fraction par ce nombre, en conservant au produit le même dénominateur. Donc, le produit est $\dfrac{4 \cdot 5}{7}$ ou $\frac{20}{7}$. On voit donc qu'il faut encore ici, comme dans le cas précédent, faire le produit de l'entier et du numérateur de la fraction, et diviser ce produit par le dénominateur ; de sorte qu'on peut renfermer ces deux cas dans la même règle, qui est celle-ci :

Pour multiplier un entier par une fraction ou une fraction par un entier, il faut faire le produit de l'entier et du numérateur de la fraction, et donner à ce produit pour dénominateur celui de la fraction.

Si l'on avait à faire le produit de plus de deux fractions, il est clair qu'il faudrait multiplier tous les numérateurs entre eux, tous les dénominateurs entre eux, et diviser le premier produit par le second.

Si l'on avait à faire le produit d'entiers et de fractions,

il faudrait multiplier tous les entiers et les numérateurs entre eux, les dénominateurs entre eux, et donner le dernier produit pour dénominateur au premier.

Ainsi, le produit $\frac{2}{3} \times \frac{4}{5} \times \frac{7}{9} \times \frac{3}{8} = \frac{2.4.7.3}{3.5.9.8} = \frac{168}{1080} = \frac{21}{135} = \frac{7}{45}$.

Ainsi, le produit $\frac{2}{3} \times 5 \times \frac{4}{5} \times \frac{7}{9} \times 2 \times 3 \times \frac{3}{8} = \frac{2.5.4.7.2.3.3}{3.5.9.8} = \frac{5040}{1080} = \frac{504}{108} = \frac{56}{12} = \frac{14}{3} = 4 + \frac{2}{3}$.

Avant d'effectuer les produits précédents, on peut opérer des simplifications. Soit le produit $\frac{2.4.7.3}{3.5.9.8}$ 3 étant facteur commun aux deux termes de la fraction, on peut le supprimer, car cela revient à diviser les deux termes par un même nombre; il en sera de même de 4 et de 2 au numérateur qui anéantissent le facteur 8 du dénominateur. Il reste donc $\frac{7}{5.9}$ ou $\frac{7}{45}$ comme on l'a déjà trouvé. De même, dans l'expression $\frac{2.5.4.7.2.3.3}{3.5.9.8}$ le facteur 9 se détruit ainsi que 8 et 5, et il reste $\frac{7.2}{3} = \frac{14}{3}$ ou $4 + \frac{2}{3}$.

Si l'on avait à multiplier entre elles des quantités composées d'un entier et d'une fraction liée par voie d'addition ou de soustraction, on réduirait ces quantités en nombres fractionnaires, et l'on appliquerait les règles précédentes.

Ainsi, soit proposé de trouver le produit des quantités $2 + \frac{3}{5}$, $5 - \frac{6}{7}$ et $1 - \frac{6}{9}$. On aura à faire le produit des nombres fractionnaires $\frac{13}{5}$, $\frac{29}{7}$, $\frac{3}{9}$, qui est égal à $\frac{1131}{315}$ ou $3 + \frac{186}{315}$ ou $3 + \frac{62}{105}$.

103. *Le produit de deux fractions est plus petit que chacune d'elles.* — Soient les fractions $\frac{2}{3}$ et $\frac{4}{5}$. Si c'est $\frac{2}{3}$ que l'on doit multiplier par $\frac{4}{5}$, on doit prendre les $\frac{4}{5}$ de la fraction $\frac{2}{3}$; donc le résultat est plus petit que $\frac{2}{3}$: de même, si c'est $\frac{4}{5}$ que l'on doit multiplier par $\frac{2}{3}$, on doit prendre

les $\frac{2}{3}$ de $\frac{4}{5}$. Donc, le résultat est plus petit que $\frac{4}{5}$. Donc enfin, le produit est plus petit que chacune des fractions.

104. *Fraction de fraction; fraction d'entier.* — On dit qu'on prend une *fraction d'un nombre* lorsqu'on prend une partie de ce nombre. D'après cette définition, une *fraction de fraction* est une partie d'une fraction. Soit proposé de prendre les $\frac{3}{4}$ de $\frac{5}{7}$. Prendre les $\frac{1}{4}$ d'une quantité, c'est évidemment en prendre le quart et le répéter trois fois. Or, le quart de $\frac{5}{7}$ est égal à $\dfrac{5}{7 \cdot 4}$. Ce quart répété trois fois égale $\dfrac{5 \cdot 3}{7 \cdot 4}$. Donc, les $\frac{3}{4}$ de $\frac{7}{5}$ sont égaux à $\dfrac{5 \cdot 3}{7 \cdot 4}$ ou au produit des deux fractions données.

D'où il suit que, *pour prendre une fraction de fraction, il faut multiplier les deux fractions entre elles.*

Si l'on se propose de prendre une fraction d'entier, comme, par exemple, les $\frac{2}{5}$ de 36, on en prendra le cinquième en divisant 36 par 5, ce qui donne $\frac{36}{5}$; et pour en avoir les $\frac{2}{5}$, on répétera ce cinquième deux fois, ce qui donne $\dfrac{36 \cdot 2}{5}$, produit de l'entier par la fraction.

Donc, *pour prendre la fraction d'un entier, il faut multiplier l'entier par la fraction.*

Soit encore proposé de prendre les $\frac{2}{3}$ des $\frac{4}{5}$ des $\frac{3}{8}$ de 72. Prenant d'abord les $\frac{3}{8}$ de 72, on aura $\dfrac{72 \cdot 3}{8}$. Prenant ensuite les $\frac{4}{5}$ de cette quantité, il viendra $\dfrac{72 \cdot 3 \cdot 4}{8 \cdot 5}$; et enfin les $\frac{2}{3}$ de cette dernière quantité, on aura pour dernier résultat $\dfrac{72 \cdot 3 \cdot 4 \cdot 2}{8 \cdot 5 \cdot 3}$. On a donc encore multiplié toutes les fractions entre elles, ainsi que le nombre entier.

105. *Division des fractions; d'un entier par une fraction; d'une fraction par un entier.* — Soit proposé de diviser la fraction $\frac{2}{3}$ par la fraction $\frac{4}{5}$. Cette opération ayant pour but, connaissant le produit $\frac{2}{3}$ et l'un des facteurs $\frac{4}{5}$, de trouver l'autre facteur, $\frac{2}{3}$ est donc le produit du diviseur $\frac{4}{5}$ par le quotient cherché. Or, quand on multiplie un nombre quelconque par une fraction, on prend cette fraction de ce nombre : le produit du diviseur $\frac{4}{5}$ par le quotient représente donc les $\frac{4}{5}$ de ce quotient; et comme le dividende $\frac{2}{3}$ est égal à ce produit, les $\frac{4}{5}$ du quotient sont ainsi représentés par la fraction $\frac{2}{3}$, et la question est ramenée à celle-ci : les $\frac{4}{5}$ du quotient sont égaux à $\frac{2}{3}$, trouver ce quotient. Nous dirons alors : puisque les $\frac{4}{5}$ du quotient valent $\frac{2}{3}$, un seul cinquième vaudra quatre fois moins que $\frac{2}{3}$, c'est-à-dire

$$\frac{2}{3 \cdot 4}.$$

Ce dernier nombre n'étant que le cinquième du quotient, pour avoir le quotient, il faut multiplier ce cinquième par 5, ce qui donne $\frac{2 \cdot 5}{3 \cdot 4}$ ou $\frac{10}{12}$.

En examinant la forme non effectuée du quotient, il est facile de voir que la fraction $\frac{2}{3}$ s'y trouve multipliée par la fraction $\frac{4}{5}$ renversée, c'est-à-dire par $\frac{5}{4}$, d'où l'on peut conclure la règle générale suivante :

Pour diviser deux fractions l'une par l'autre, il faut multiplier la fraction dividende par la fraction diviseur renversée.

Soit maintenant un entier 5 à diviser par la fraction $\frac{4}{7}$. Le raisonnement précédent pourrait être répété ici. 5 étant égal au produit du diviseur $\frac{4}{7}$ par le quotient, on peut dire que 5 est égal aux $\frac{4}{7}$ du quotient; alors un seul septième du quotient vaut quatre fois moins ou $\frac{5}{4}$, et le quotient vaut sept fois plus que ce septième, c'est-à-dire $\frac{5 \cdot 7}{4}$. On a donc encore multiplié l'entier 5 par la fraction diviseur $\frac{4}{7}$ renversée, c'est-à-dire par $\frac{7}{4}$.

Donc, pour diviser un entier par une fraction, il faut multiplier l'entier par la fraction diviseur renversée.

On peut ainsi résumer les deux règles précédentes :

Quand le diviseur est une fraction, il faut multiplier le dividende par la fraction diviseur renversée.

Soit enfin à diviser la fraction $\frac{4}{7}$ par l'entier 5. Nous savons déjà effectuer cette dernière opération, § 94 : *il faut multiplier le dénominateur de la fraction par l'entier, en laissant le numérateur tel qu'il est.* On a ainsi $\frac{4}{7.5}$ ou $\frac{4}{35}$.

Si l'on avait un entier joint à une fraction par voie d'addition ou de soustraction, à diviser par une autre quantité de même espèce, on réduirait le dividende en un seul nombre fractionnaire, ainsi que le diviseur, et l'on appliquerait les règles précédentes.

Ainsi, soit proposé de diviser $2 + \frac{3}{5}$ par $5 - \frac{2}{3}$. On aura à diviser $\frac{13}{5}$; par $\frac{13}{3}$; le résultat est $\frac{13}{5} \times \frac{3}{13} = \frac{13.3}{5.13} = \frac{3}{5}$, en simplifiant, comme il est dit au § 102.

106. *Conversion d'une fraction ordinaire en décimales. Cas où la fraction a pour dénominateur l'unité suivie d'un certain nombre de zéros.* — Le principe démontré § 91 peut nous servir à transformer une fraction quelconque en un nombre décimal équivalent. En effet, soit la fraction $\frac{3}{8}$. Puisqu'une fraction peut être considérée comme le quotient de son numérateur par son dénominateur, effectuons cette division. Le dividende ne contient pas le diviseur.

$$
\begin{array}{r|l}
30 & 8 \\
60 & \overline{0,375} \\
40 & \\
0 &
\end{array}
$$

Nous écrivons donc zéro au quotient, pour tenir la place des unités. Puis, réduisant le dividende en dixièmes, nous aurons 30 dixièmes, dont le quotient par 8 donne 3 dixièmes avec un reste 6 dixièmes. Réduisant ce reste en centièmes, et divisant par 8, nous aurons 7 centièmes au quotient, avec un reste 4 centièmes qui, réduit en millièmes et divisé par 8, donne enfin 5 millièmes ; et le quotient est 0,375 exactement. On peut donc écrire que $\frac{3}{8} = 0,375$.

On voit donc que l'opération qui consiste à convertir une fraction en un nombre décimal équivalent, n'est autre chose

que ce que nous avons donné, § 66, pour trouver la valeur
d'un quotient, à moins d'une unité décimale près, d'un ordre
déterminé, et que nous sommes conduits à la même règle.

Donc, *pour réduire une fraction ordinaire en décimales,
il faut diviser le numérateur par le dénominateur; et quand
la division n'est plus possible, réduire le premier reste en
dixièmes, faire la division, et mettre le quotient au rang des
dixièmes ; réduire le deuxième reste en centièmes, faire la
division, écrire le quotient au rang des centièmes, et ainsi
de suite.*

Si le dénominateur de la fraction donnée était l'unité
suivie d'un certain nombre de zéros, il suffirait *d'écrire le
numérateur, et de séparer sur la droite de ce nombre autant
de décimales qu'il y a de zéros au dénominateur.*

Ainsi, la fraction $\frac{5}{1000}$ réduite en décimales, donne 0,025 ;
le nombre fractionnaire $\frac{3025}{100}$ est équivalent à 30,25. Cela
résulte évidemment de la règle donnée, § 15, pour diviser
un nombre par l'unité suivie de plusieurs zéros.

107. *Lorsqu'on réduit une fraction en décimales, le quotient est exact, ou quelques-uns de ses chiffres se reprodui-
sent dans le même ordre jusqu'à l'infini.* En appliquant à
la fraction $\frac{1}{8}$ la règle pour convertir une fraction générale
en décimales, nous sommes arrivés à une expression exacte
du quotient. Si l'on appliquait la même règle aux frac-
tions et nombre fractionnaire $\frac{2}{5}$, $\frac{1}{2}$, $\frac{3}{20}$, $\frac{35}{25}$, on trouverait
également les quotients exacts 0, 4 ; 0, 5 ; 0, 15 ; 1, 4.
Mais si nous cherchons à réduire en décimales la fraction $\frac{5}{7}$,

$$
\begin{array}{r|l}
50 & 7 \\
10 & \overline{0,714285} \\
30 & \\
20 & \\
60 & \\
40 & \\
5 &
\end{array}
$$

nous remarquons que l'opération semble ne devoir pas se

terminer, puisqu'on obtient toujours de nouveaux chiffres au quotient, et de nouveaux restes. Mais au bout d'un certains nombre de divisions, on s'aperçoit qu'un des restes auxquels on parvient est égal à l'un de ceux que l'on a déjà obtenus. La conséquence immédiate de cette observation, c'est que les chiffres suivants du quotient vont être égaux à ceux que l'on a obtenus depuis l'apparition de ce reste, et se reproduiront ainsi dans le même ordre jusqu'à l'infini. Dans l'exemple qui précède, après six divisions, le dernier reste 5 est égal au premier dividende ; à partir de cet instant, les chiffres du quotient seront 7, 1, 4, 2, 8, 5, puis 7, 1, 4, 2, 8, 5, et ainsi de suite.

Il reste à prouver que les choses doivent toujours se passer ainsi, pour une fraction quelconque, quand la division ne se termine pas. Il suffit pour cela de prouver que, après un certain nombre de divisions, on retombe nécessairement sur un des restes déjà obtenus. Or, dans toute division, chaque reste est plus petit que le diviseur. Donc, le nombre des restes différents que l'on peut obtenir est tout au plus égal au diviseur diminué d'une unité. Donc, si après un nombre de divisions égal au diviseur diminué d'une unité, nous n'avons pas obtenu un quotient exact, ou bien si nous n'avons pas déjà eu deux fois le même reste, on en peut conclure que, à la division suivante, ou l'opération se terminera, ou l'on retombera sur l'un des restes déjà obtenus.

On voit ainsi que certaines fractions générales ne sont pas susceptibles d'être transformées en fractions décimales équivalentes ; que le mode de division de l'unité en parties de dix en dix fois plus petites ne saurait faire qu'une de ces fractions fût égale à une collection de ces parties, quelque petites qu'elles fussent, et que l'on n'a, par conséquent, qu'une valeur approchée de la fraction, en prenant un nombre limité de chiffres.

Par exemple, la fraction précédente $\frac{5}{7}$ est équivalente à 0,714, à moins de 0,001.

108. *Définir une fraction périodique et la période; une fraction périodique simple, une fraction périodique mixte.* — On appelle *fraction décimale périodique* une fraction décimale dans laquelle un certain nombre de chiffres se répètent dans le même ordre jusqu'à l'infini.

L'ensemble des chiffres qui se répètent jusqu'à l'infini s'appelle *période*.

60	11	190	74
50	0,5454...	420	0,2567567...
60		500	
50		560	
		420	
		500	

Ainsi, la fraction $\frac{6}{11}$ donne lieu à la fraction périodique 0,5454....., dans laquelle la période est **54**, et la fraction $\frac{19}{74}$ donne lieu à la fraction périodique 0,2567567....., dans laquelle la période est **567**. Ici la période est précédée de chiffres significatifs différents.

On appelle *fraction périodique simple* celle dans laquelle la période commence au chiffre des dixièmes, et *fraction périodique mixte*, celle qui a un ou plusieurs chiffres avant la période. Ces chiffres peuvent être des zéros.

0,5454... 0,049049... sont des fractions périodiques simples; 0,2567567... 0,06666... sont des fractions périodiques mixtes. Elles résultent de la réduction en décimales des fractions $\frac{6}{11}$, $\frac{49}{999}$, $\frac{19}{74}$ et $\frac{1}{15}$.

109. *Nombre des chiffres de la période.* — Le nombre des chiffres de la période est évidemment au plus égal au dénominateur diminué d'une unité, car on ne peut faire plus de divisions qu'il n'y a d'unités dans ce dénominateur sans tomber sur deux restes égaux. Donc, *le plus grand nombre des chiffres de la période est égal au dénominateur diminué d'une unité.*

110. *À quoi l'on reconnaît qu'une fraction se réduira ou ne se réduira pas exactement en décimales, nombre des chiffres décimaux du quotient.* — Nous allons maintenant

chercher les caractères auxquels on reconnaît qu'une fraction peut se réduire ou ne peut pas se réduire en décimales.

Prenons pour exemple la fraction $\frac{3}{8}$ que nous avons déjà réduite en décimales, et qui a donné 0,375. Réduire une fraction en décimales, c'est chercher un nombre décimal qui lui soit équivalent. Or, tout nombre décimal comme 0,375 peut être mis sous la forme d'une fraction générale. En effet, 0,375 exprime 375 parties de l'unité, chacune égale à un millième ou $\frac{1}{1000}$; donc, le nombre 0,375 équivaut à $\frac{375}{1000}$. Cela posé, puisqu'il s'agit de transformer $\frac{3}{8}$ en une fraction équivalente dont le dénominateur est l'unité suivie d'un certain nombre de zéros, il faut que cette opération puisse se faire en multipliant les deux termes de $\frac{3}{8}$ par un même nombre. Mais pour que 8, multiplié par un certain nombre, puisse donner une puissance de 10, il faut que 8 lui-même ne contienne que les facteurs de 10; en effet, 8 est égal à 2^3; et comme les puissances successives de 10 sont : 2.5, $2^2.5^2$, $2^3.5^3$,... il s'ensuit qu'il suffit de multiplier 8 ou 2^3 par 5^3 pour avoir la troisième puissance de 10, c'est-à-dire 1000. En multipliant donc les deux termes de $\frac{3}{8}$ par 5^3 ou 125, on a $\frac{375}{1000}$ ou 0,375 comme on l'a trouvé par la méthode générale.

En résumé, on voit donc que la fraction $\frac{3}{8}$ s'est réduite en décimales, parce qu'en multipliant ses deux termes par un même nombre, le dénominateur a pu être transformé en une puissance de 10.

Soit encore la fraction $\frac{3}{20}$. Le dénominateur étant égal à $2^2.5$, il est aisé de voir qu'il suffit de multiplier les deux termes de cette fraction par le facteur 5 pour que le dénominateur, devenant $2^2.5^2$, soit égal à une puissance de 10, et par conséquent, pour que la fraction puisse être transformée en une autre équivalente dont le dénominateur soit une puissance de 10, c'est-à-dire une fraction décimale. Par suite de cette opération, la fraction $\frac{3}{20}$ devient en effet égale à $\frac{15}{100}$ ou 0,15. On trouvera ce même résultat par la méthode générale.

Donc, *on reconnaîtra qu'une fraction se réduira exactement en décimales, lorsque son dénominateur ne contiendra que les facteurs de* 10.

Il est nécessaire de démontrer maintenant que, *une fraction dont le dénominateur contient des facteurs étrangers à* 2 *et* 5, *donne naissance à une fraction périodique.*

En effet, soit la fraction $\frac{7}{12}$ dont le dénominateur renferme, il est vrai, le facteur 2, mais renferme aussi le facteur 3, étranger à 2 et 5.

Le quotient sera périodique, car s'il pouvait être exact, il s'ensuit qu'il y aurait un nombre décimal équivalent à la fraction proposée, qui pourrait se traduire par une fraction dont le dénominateur serait l'unité suivie d'un certain nombre de zéros. Mais, quel que soit le nombre par lequel on multiplie 12, on ne pourra jamais parvenir à avoir pour produit une puissance de 10, car 12 contient un facteur étranger à 2 et à 5. Donc, la fraction $\frac{7}{12}$ ne saurait être équivalente à une fraction décimale exacte. Donc enfin, le quotient qu'on obtiendra en réduisant $\frac{7}{12}$ en décimales, sera périodique, puisque la division ne se terminera pas, § 107.

Dans le cas où une fraction se réduit exactement en décimales, le nombre des chiffres du quotient peut être déterminé d'avance. En effet, la fraction $\frac{1}{20}$, par exemple, ayant au dénominateur deux fois le facteur 2 et une fois le facteur 5, comme il faut que le nombre de facteurs 2 soit égal au nombre de facteurs 5 pour que le dénominateur soit une puissance de 10, il suffira donc d'introduire au dénominateur une fois le facteur 5, ce qui donnera la deuxième puissance de 10 ou 100. Donc, la fraction exprimera des centièmes et aura deux chiffres décimaux. En général, on voit toujours que le nombre de facteurs 2 devant être égal au nombre de facteurs 5 dans le dénominateur, il suffira, pour obtenir cette égalité, de multiplier les deux termes de la fraction par autant de facteurs égaux à celui des deux qui y entre le moins, qu'il en faut pour que cette égalité existe. Après cette opération, le dénominateur sera égal à l'unité suivie d'autant de zéros qu'il y a d'unités dans le plus fort des exposants dont les facteurs 2 et 5 sont affectés dans le dénominateur.

Donc, quand on réduit en décimales une fraction dont le dénominateur ne contient que les facteurs 2 et 5, on obtient au résultat un nombre de décimales égal au plus fort des deux exposants dont les facteurs 2 et 5 sont affectés dans le dénominateur.

Nous avons déjà vu, § 109, que lorsqu'une fraction ne se réduit pas exactement en décimales, le nombre des chiffres de la période ne peut surpasser le dénominateur diminué d'une unité.

111. *La fraction doit être irréductible, pour qu'on puisse affirmer qu'elle se réduira ou qu'elle ne se réduira pas en décimales.* — Il peut arriver qu'une fraction présente les caractères qui ont fait affirmer qu'elle ne se réduira pas en décimales, et que cependant cette réduction puisse s'opérer. Soit, par exemple, la fraction $\frac{6}{15}$ dont le dénominateur contient le facteur 3. On serait tenté d'affirmer au premier abord qu'elle ne peut se réduire en décimales, et pourtant, en effectuant l'opération, on trouve 0,4. Cette contradiction apparente ne vient que de l'existence d'un facteur 3, commun aux deux termes de la fraction, et qui, étant supprimé, ramène la fraction $\frac{6}{15}$ à la forme $\frac{2}{5}$ qui remplit les conditions exigées, pour qu'on puisse affirmer qu'elle peut se réduire en décimales.

A l'avenir, il faudra donc toujours rendre les fractions irréductibles, § 95, avant de leur appliquer les règles du paragraphe précédent.

112. *Conversion d'une fraction décimale en fraction générale.* — Après avoir réduit une fraction quelconque en décimales, et avoir démontré que le quotient ne peut être que fini ou infini, nous nous proposerons maintenant, étant donné un nombre décimal fini ou périodique, de trouver la fraction générale équivalente.

Il peut se présenter trois cas :

1° Le nombre décimal peut être fini ;

2° Le nombre décimal peut être périodique simple ;

3° Le nombre décimal peut être périodique mixte.

1° Soit la fraction décimale 0,072, il est clair qu'il suffit, pour convertir cette fraction décimale en fraction générale, de supprimer la virgule, et de diviser 72 par l'unité suivie de trois zéros. Il résulte de ces opérations que le nombre 0,072 est équivalent à $\frac{72}{1000}$, fraction qui se réduit à $\frac{9}{125}$. Donc, *pour convertir un nombre décimal fini en fraction générale, il suffit de supprimer la virgule dans ce nombre décimal, et de donner au nombre qui en résulte pour dénominateur, l'unité suivie d'autant de zéros qu'il y a de décimales dans le nombre proposé.*

2° Soit la fraction périodique simple 0,545454..... Si nous transportons la virgule à droite de la première période, nous aurons ainsi multiplié la fraction décimale par 100, ce qui donnera 54,5454... Retranchons la fraction elle-même de ce dernier nombre ; mais pour faire cette soustraction, remarquons que les deux parties décimales se composent l'une et l'autre de la même période 54, prolongée jusqu'à l'infini ; donc elles se détruisent, et le reste est égal à 54 moins zéro, ou bien égal à 54. Mais le nombre 54,5454.... vaut 100 fois la fraction donnée, et le nombre 0,5454.... vaut une fois cette fraction, donc le reste 54 vaut 100 fois, moins une fois, ou 99 fois cette fraction. Puisque 54 vaut 99 fois la fraction donnée, cette fraction sera égale à 54 divisé par 99 ou à $\frac{54}{99}$. Donc, *pour convertir une fraction périodique simple en fraction générale, on prend la période pour numérateur, et pour dénominateur un nombre composé d'autant de 9 qu'il y a de chiffres dans cette période.*

3° Soit la fraction périodique mixte 0,5962828... transportant la virgule successivement à droite et à gauche de la première période 28, nous aurons ainsi les deux nombres 59628,2828... et 596,2828... qui sont, l'un égal à 100000 fois la fraction proposée, et l'autre à 1000 fois cette même fraction. Retranchons ces deux nombres l'un de l'autre, et remarquons comme précédemment que les parties décimales se détruisent. Nous aurons pour résultat 59628—596. Mais ce reste est égal à 100000 fois le nombre proposé, moins 1000 fois ce même nombre ; donc il est égal à 99000 fois le même nombre. Puisque 59628—596 vaut 99000 fois la fraction proposée, cette fraction est donc égale à $\frac{59628-596}{99000}$. On voit que le numérateur est formé en retranchant la partie non périodique de cette partie non périodique suivie de la première période, et que le dénominateur est un nombre composé d'autant de 9 qu'il y a de chiffres dans la période suivis d'autant de zéros qu'il y a de chiffres avant la période. Donc, *pour transformer une fraction périodique mixte en fraction générale, on prend pour numérateur la différence entre la partie non périodique suivie de la première période et la période, et pour dénominateur un nombre composé d'autant de 9 qu'il y a de chiffres dans la période suivis d'autant de zéros qu'il y a de chiffres entre la virgule et la première période.*

Les translations de virgules faites dans les raisonnements précédents, ont pour but d'obtenir des nombres dont les parties décimales ne contiennent que la période, afin que, dans la soustraction, ces parties décimales, prolongées jusqu'à l'infini, se détruisent. Il est aisé de comprendre que ces raisonnements ont toute la généralité possible.

113. *A quoi l'on reconnaît qu'une fraction doit donner naissance à une fraction périodique simple ou à une fraction périodique mixte. Nombre des chiffres qui doivent précéder la période dans le dernier cas.* — Nous avons trouvé les caractères auxquels on reconnaissait qu'une fraction générale devait donner lieu à un quotient périodique. Il nous

reste à chercher si, à l'inspection de la fraction, on peut découvrir si le quotient sera périodique simple ou périodique mixte.

Soit la fraction $\frac{16}{21}$ dont le dénominateur ne contient aucun des facteurs de la base 2 et 5. Nous savons déjà que cette fraction doit donner naissance à une fraction périodique, § 110. Si cette fraction ne donne donc pas de quotient périodique simple, ce quotient sera périodique mixte, et de la forme 0,64558558..... par exemple, qui est égale à $\frac{64558-64}{99900}$. Or, le numérateur de cette dernière fraction n'est pas terminé par un zéro ; car, pour qu'il en fût ainsi, il faudrait que le chiffre qui précède la période fût égal à celui qui la termine, ce qui n'est pas possible, parce qu'alors la période, au lieu de commencer au chiffre 5, eût commencé au précédent. Ainsi, le numérateur n'est pas divisible par 10, et comme le dénominateur est au contraire divisible par 10, il s'ensuit que le dénominateur de la fraction irréductible équivalant $\frac{64558-4}{99900}$, contient au moins l'un des facteurs 2 et 5, ce qui est contre l'hypothèse, car nous avons choisi la fraction $\frac{16}{21}$ de manière que le dénominateur ne renfermât pas les facteurs 2 et 5. Donc, la fraction $\frac{16}{21}$ ne saurait donner lieu à un quotient périodique mixte, et comme il doit être périodique, il s'ensuit qu'il est périodique simple. En effet, $\frac{16}{21} = 0,7619047619045.....$

Donc, *lorsque le dénominateur d'une fraction ne contient ni le facteur 2, ni le facteur 5, cette fraction donne naissance à une fraction périodique simple.*

Soit maintenant la fraction irréductible $\frac{4}{15}$ dont le dénominateur contient le facteur 5 combiné avec le facteur 3. Nous savons déjà que cette fraction doit donner naissance à une fraction périodique. Donc, si elle ne donne pas lieu à une fraction périodique mixte, elle donnera naissance à une simple de la forme 0,438438... qui est égale à $\frac{438}{999}$. Or, si la fraction irréductible $\frac{4}{15}$ était égale à $\frac{438}{999}$, en divisant les deux termes de cette dernière par un même nombre, on devrait retrouver la première $\frac{4}{15}$. Mais cela ne peut avoir lieu, car le dénominateur 15 contient le facteur 5 qui n'est pas contenu dans 999. Donc, la fraction $\frac{4}{15}$ ne peut donner naissance à une fraction périodique simple ; donc elle donnera naissance à une fraction périodique mixte. En effet, $\frac{4}{15} = 0,2666\ldots$

Donc, *lorsque le dénominateur d'une fraction contient l'un des facteurs 2 et 5, ou ces deux facteurs combinés avec d'autres facteurs premiers, cette fraction donne naissance à une fraction périodique mixte.*

On peut, dans ce dernier cas, prévoir le nombre des chiffres qui précéderont la période. Nous allons prouver qu'*il est égal au plus fort des exposants dont 2 et 5 sont affectés dans le dénominateur.*

Soit la fraction irréductible $\frac{61}{88}$ qui est égale à $\dfrac{61}{2^3 \cdot 11}$. Prouvons que la fraction périodique mixte équivalente aura trois chiffres avant la période. En effet, multiplions le numérateur 61 par 10^3, afin de faire disparaître le facteur 2 au dénominateur ; il en résulte la fraction $\dfrac{61 \cdot 10^3}{2^3 \cdot 11}$, ou $\dfrac{61 \cdot 2^3 \cdot 5^3}{2^3 \cdot 11}$, ou $\dfrac{61 \cdot 5^3}{11}$, qui est mille fois plus forte que $\frac{61}{88}$; or, la fraction $\dfrac{61 \cdot 5^3}{11}$, dont le dénominateur ne contient ni 2 ni 5, donne naissance à une fraction périodique simple 695,1818..... ; mais cette fraction est mille fois plus forte que la fraction donnée ; il faut donc la diviser par 1000, ce qui donne 0,6931818.... Donc $\frac{61}{88}$ donne naissance à une fraction périodique mixte qui a trois chiffres entre la virgule et la période.

La période ne pourra pas commencer plus tôt, et le chiffre 3 ne sera plus égal au chiffre 8 ; car, si ces deux chiffres étaient égaux, la période aurait commencé à la troisième division qui a dû être effectuée, et, par conséquent, le dividende qui a donné 3 devrait être exactement égal à celui qui a donné 8 ; ce qui n'est pas possible, puisque le second est terminé par un zéro, et que le premier est terminé par un chiffre significatif ; car le chiffre qui termine ce premier dividende est le même que celui qui termine le numérateur 61×5^3 ; or, ce numérateur ne contient pas le facteur 2, donc il n'est pas divisible par 10, § 70 ; donc il n'est pas terminé par un zéro ; donc, enfin, le dividende qui a donné 3 ne peut être égal à celui qui a donné 8, et la période ne peut commencer qu'au chiffre 1.

Donc, lorsque le dénominateur d'une fraction contient l'un des facteurs 2 et 5, ou ces deux facteurs combinés avec d'autres facteurs, le nombre des chiffres décimaux qui précèdent la période est égal au plus fort des exposants dont 2 et 5 sont affectés dans le dénominateur.

FRACTIONS CONTINUES.

La théorie des fractions continues exigeant quelques notions d'algèbre, et leur étude complète n'étant point d'ailleurs aux élèves d'une utilité bien manifeste, nous nous contenterons de donner ici les moyens de les obtenir et de calculer leurs valeurs.

114. *Définir une fraction continue.* — Pour nous faire une idée d'une fraction continue, prenons une fraction quelconque irréductible $\frac{19}{73}$. Divisons ses deux termes par le numérateur, ce qui n'en changera pas la valeur, § 94.

On aura ainsi $\dfrac{1}{\left(\dfrac{73}{19}\right)}$, ou bien, en effectuant la division indi-

quée au dénominateur, $\dfrac{1}{3 \times \frac{16}{19}}$. Si l'on opère sur la fraction $\frac{16}{19}$, comme on vient d'opérer sur $\frac{19}{39}$, nous diviserons les deux termes de $\frac{16}{19}$ par le numérateur 16, et il viendra : $3 + \cfrac{1}{\cfrac{1}{\left(\dfrac{19}{16}\right)}}$; ou, en effectuant la division de 19

par 16 : $\cfrac{1}{3 + \cfrac{1}{1 + \frac{3}{16}}}$. Enfin, en opérant sur $\frac{3}{16}$ comme sur $\frac{16}{19}$

et $\frac{19}{73}$, on aura successivement : $\cfrac{1}{3 + \cfrac{1}{1 + \cfrac{1}{\left(\frac{16}{3}\right)}}}$ et

$\cfrac{1}{3 + \cfrac{1}{1 + \cfrac{1}{5 + \frac{1}{3}}}}$. Si l'on continuait, on trouverait pour reste

zéro en divisant 3 par 1, de sorte que l'opération est terminée, et l'on dit que la fraction $\frac{19}{73}$ est réduite en fraction continue.

Si le nombre à réduire en fraction continue était un nombre fractionnaire, on aurait un entier joint à l'expression précédente. Ainsi, le nombre fractionnaire $\frac{73}{19}$ donnerait

lieu à la fraction continue $3 + \cfrac{1}{1 + \cfrac{1}{5 + \frac{1}{3}}}$.

On a pu remarquer, d'après la manière d'opérer, que le numérateur de la première fraction est toujours égal à l'unité ; son dénominateur est un entier plus une fraction, mais cette fraction a elle-même pour numérateur l'unité, et pour dénominateur un entier plus une autre fraction qui a elle-même, etc. De là la définition suivante :

On appelle *fraction continue un nombre entier, qui peut être zéro, joint à une fraction dont le numérateur est l'unité, et le dénominateur un entier plus une fraction dont le nu-*

mérateur est aussi l'unité, et dont le dénominateur est un entier plus une fraction dont le numérateur est l'unité, etc.

115. *Règle générale pour transformer une fraction en fraction continue.* — Si l'on examine avec soin la marche qui a été suivie pour réduire $\frac{19}{73}$ en fraction continue, on reconnaîtra que l'on a opéré sur les deux nombres 73 et 19, comme si l'on eût cherché leur plus grand commun diviseur; car on a divisé 73 par 19, puis 19 par le reste 16, puis 16 par le second reste 3, et ainsi de suite, et tous les quotients ont été les dénominateurs successifs 3, 1, 5 et 3. Pour le nombre fractionnaire $\frac{73}{19}$, le premier quotient représente la partie entière. On en déduit cette règle générale :

Pour transformer une fraction ou un nombre fractionnaire en fraction continue, il faut opérer sur les deux termes du nombre proposé, comme si l'on cherchait leur plus grand commun diviseur, et pousser l'opération jusqu'à ce qu'on obtienne un reste égal à zéro. Les quotients successifs seront les dénominateurs des fractions qui constituent la fraction continue.

Lorsque le nombre proposé est un nombre fractionnaire, on prend le premier quotient pour la partie entière de la fraction continue.

Lorsque le nombre donné est décimal, on le transforme en un nombre fractionnaire.

D'après cette règle, on réduira aisément les nombres $\frac{113}{256}$, $\frac{67}{9}$, 3,257 et 0,1717... en fractions continues. On trouvera les résultats suivants :

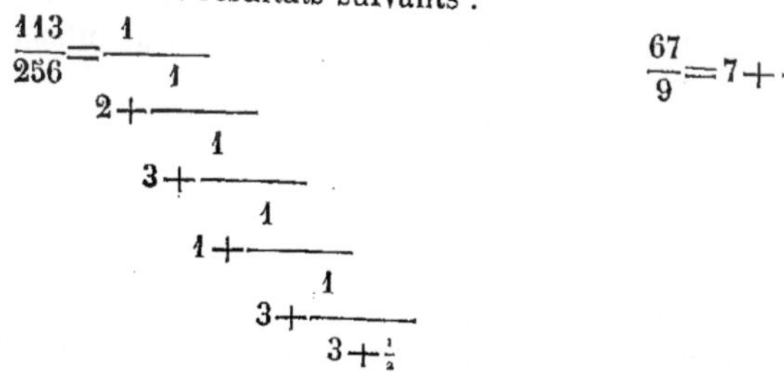

$$\frac{113}{256}=\cfrac{1}{2+\cfrac{1}{3+\cfrac{1}{1+\cfrac{1}{3+\cfrac{1}{3+\frac{1}{2}}}}}}
\qquad\qquad
\frac{67}{9}=7+\cfrac{1}{2+\frac{1}{4}}$$

$$3{,}257 = 3 + \cfrac{1}{3 + \cfrac{1}{1 + \cfrac{1}{8 + \cfrac{1}{5 + \cfrac{1}{1 + \frac{1}{2}}}}}} \qquad 0{,}1717\ldots = \frac{17}{99} = \cfrac{1}{5 + \cfrac{1}{1 + \cfrac{1}{4 + \cfrac{1}{1 + \frac{1}{2}}}}}$$

L'expression générale d'une fraction continue sera donc :

$$a + \cfrac{1}{b + \cfrac{1}{c + \cfrac{1}{d + \text{etc.}}}}$$

Les fractions $\frac{1}{b}, \frac{1}{c} \ldots$ sont appelées *fractions partielles* ou *intégrantes*, et les collections des deux, ou des trois, ou des quatre... premières fractions intégrantes, telles que :

$$a + \cfrac{1}{b} \qquad a + \cfrac{1}{b + \cfrac{1}{c}} \qquad a + \cfrac{1}{b + \cfrac{1}{c + \cfrac{1}{d}}}$$

portent le nom de *fractions convergentes*. Nous verrons bientôt pourquoi on leur a donné ce nom.

116. *Règle générale pour transformer une fraction continue en une fraction générale équivalente.* — Soit maintenant proposé de revenir de la fraction continue

$$2 + \cfrac{1}{5 + \cfrac{1}{3 + \frac{1}{2}}}$$

à la fraction qui l'a produite.

La dernière fraction partielle étant ajoutée au nombre 3,

donne pour résultat $\frac{7}{2}$, et comme il faut diviser 1 par 3 $+\frac{1}{2}$, ou $\frac{7}{2}$, cela revient à écrire $1 \times \frac{2}{7}$, § 105, ou $\frac{2}{7}$; donc, la fraction continue prend successivement ces deux formes :

$$2+\cfrac{1}{5+\cfrac{1}{\left(\frac{1}{2}\right)}} \qquad \text{et} \qquad 2+\cfrac{1}{5\times\frac{2}{7}}$$

Ajoutons 5 à $\frac{2}{7}$ il revient $\frac{37}{7}$, et la fraction devient $2+\cfrac{1}{\left(\dfrac{37}{7}\right)}$

ou $2+\frac{7}{37}$. Faisant cette dernière addition, on a enfin $\frac{81}{37}$ qui est le nombre fractionnaire équivalant à la fraction continue donnée.

Donc, *pour revenir d'une fraction continue à la fraction générale génératrice, il faut réduire consécutivement les entiers joints aux fractions partielles qui les composent au même dénominateur, en commençant par la dernière de ces fractions partielles.*

117. *Trouver la valeur des fractions convergentes successives. Elles ne sont pas égales à la proposée, mais alternativement plus petites ou plus grandes qu'elle. On a une valeur plus approchée de la fraction continue en prenant un plus grand nombre de fractions partielles.* — Il doit résulter de ce qui précède que, si l'on néglige une ou plusieurs des dernières fractions intégrantes d'une fraction continue, en remontant à la fraction génératrice, on ne doit pas retrouver des fractions équivalentes à la proposée. En effet, si nous reprenons l'exemple du paragraphe précédent, et si nous négligeons toutes les fractions partielles, le nombre 2 qui restera sera trop petit, car il doit être augmenté de toute l'expression $\dfrac{1}{5+\text{etc.}}$ qui l'accompagne pour former la fraction génératrice. Si nous prenons la première fraction partielle, en négligeant toutes les autres, l'expression $2+\frac{1}{5}$ avant le dénominateur 5 plus petit que

dans l'expression générale, puisqu'il doit être augmenté de ce qui l'accompagne, c'est-à-dire de $\dfrac{1}{3 + \text{etc.}}$, la fraction $\frac{1}{5}$ est plus grande qu'elle ne doit l'être, et par conséquent le résultat $2 + \frac{1}{5}$ est plus grand que l'expression totale, c'est-à-dire plus grand que la fraction génératrice équivalente. Si nous prenons les deux premières fractions partielles en négligeant la dernière $\frac{1}{7}$, nous aurons diminué le dénominateur 3 de cette fraction, et la fraction $\frac{1}{3}$ est devenue plus grande qu'elle ne doit l'être; donc le dénominateur $5 + \frac{1}{3}$ est devenu plus grand, et la fraction $\dfrac{1}{5 + \frac{1}{3}}$ est devenue plus petite. Donc enfin, 2 augmenté de cette dernière fraction, doit donner un résultat plus petit que la fraction génératrice. On peut donc déjà conclure que les fractions convergentes successives ne sont pas équivalentes à la fraction génératrice, excepté celle qui renferme toutes les fractions partielles.

On a pu remarquer également que la première fraction convergente qui est égale au nombre entier 2, est plus petite que la fraction génératrice ou plus petite que la fraction continue ; que la seconde fraction convergente $2 + \frac{1}{5}$ est plus grande que la fraction continue ; que la troisième $2 + \dfrac{1}{5 + \frac{1}{3}}$ est plus petite que cette même fraction ; et qu'ainsi les fractions convergentes paraissent devoir être alternativement plus petites et plus grandes que la fraction continue ou son équivalente la fraction génératrice. On peut démontrer ce fait d'une manière plus générale.

D'après ce qui précède, on voit aisément ce qu'il faut faire pour trouver la valeur des fractions convergentes successives. Il suffit d'appliquer la règle du § 149, en prenant successivement une, deux, trois… fractions partielles, et chercher ainsi les différentes fractions génératrices qui sont respectivement équivalentes à ces fractions continues. Dans l'exemple du paragraphe précédent, la première fraction convergente a pour valeur 2; la seconde $=$

$$2 + \tfrac{1}{5} = \tfrac{11}{5}\,; \text{ la troisième} = 2 + \cfrac{1}{5 + \tfrac{1}{3}} = 2 + \cfrac{1}{\left(\tfrac{16}{3}\right)} = 2 + \tfrac{3}{16}$$

$= \tfrac{35}{16}$; enfin la quatrième, ou la proposée $= \tfrac{81}{37}$. On peut reconnaître que 2 est plus petit que $\tfrac{81}{37}$; car $\tfrac{81}{37} - 2 = \tfrac{7}{37}$; que $\tfrac{11}{5}$ est plus grand, car $\tfrac{11}{5} - \tfrac{81}{37} = \tfrac{2}{185}$; et que $\tfrac{35}{16}$ est plus petit, car $\tfrac{81}{37} - \tfrac{35}{16} = \tfrac{1}{592}$.

En examinant les différences que nous venons de calculer entre les fractions convergentes et la fraction génératrice $\tfrac{81}{37}$, on s'aperçoit que les fractions convergentes approchent d'autant plus de la fraction continue totale, qu'on a pris plus de fractions partielles ou intégrantes; car la première différence entre $\tfrac{81}{37}$ et 2 est $\tfrac{7}{37}$; elle est donc plus petite que $\tfrac{1}{5}$; la seconde différence entre $\tfrac{11}{5}$ et $\tfrac{81}{37}$ est $\tfrac{2}{185}$, c'est-à-dire plus petite que $\tfrac{1}{93}$; et enfin la différence entre $\tfrac{81}{37}$ et $\tfrac{35}{16}$ est $\tfrac{1}{592}$. Cette remarque explique la dénomination de *convergentes* qu'on applique aux quantités 2, $\tfrac{11}{5}$, $\tfrac{35}{16}$ et $\tfrac{81}{37}$. Donc, on a une valeur plus approchée d'une fraction continue en prenant un plus grand nombre de fractions continues.

On démontre ces divers principes d'une manière plus générale, mais nous nous contenterons de les avoir indiqués aux élèves. Ces simples notions leur suffiront dans la plupart des cas où ils pourront faire usage des fractions partielles.

118. *Usage des fractions continues.* — Nous terminerons en indiquant l'usage qu'on peut faire des fractions continues dans l'évaluation approximative d'une fraction irréductible dont les termes sont très-grands, et en particulier des nombres décimaux qui s'étendent à l'infini, mais non périodiques, comme nous en rencontrerons bientôt, §§ 154 et 155.

On réduit d'abord le nombre proposé en fraction continue, puis on forme les fractions convergentes consécutives, et comme ces fractions sont alternativement plus petites et plus grandes que le nombre proposé, la différence qui existe entre deux consécutives est encore plus grande que celle qui existe entre l'une d'elles et le nombre proposé ; on prend la fraction convergente la plus éloignée pour avoir un plus grand degré d'approximation.

Ainsi, soit proposé d'évaluer approximativement le rapport de la circonférence au diamètre. Ce nombre est 3,14159. En le mettant sous la forme $\frac{314159}{100000}$, on pourra le réduire en fraction continue, ce qui donnera :

$$\frac{314159}{100000} = 3 + \cfrac{1}{7 + \cfrac{1}{15 + \cfrac{1}{1 + \cfrac{1}{25 + \cfrac{1}{1 + \cfrac{1}{7 + \frac{1}{4}}}}}}}$$

on aura pour les fractions convergentes consécutives :

$$3 \frac{22}{7,} \ \frac{333}{106,} \ \frac{355}{113,} \ \frac{9208}{2931,} \ \text{etc.}$$

La valeur $\frac{22}{7}$ fréquemment employée donne une approximation facile à calculer, car la différence entre $\frac{22}{7}$ et $\frac{333}{106}$ est égale à $\frac{1}{742}$. Or, la fraction génératrice est comprise entre ces deux fractions, donc $\frac{22}{7}$ diffère de l'expression totale de moins de $\frac{1}{742}$. Le rapport $\frac{22}{7}$ est celui donné par Archimède.

La quatrième fraction convergente $\frac{355}{113}$, qui n'est pas beaucoup plus compliquée que la troisième, donne une valeur bien plus approchée, car le nombre proposé étant compris entre $\dfrac{355}{113}$ et $\dfrac{9208}{2931}$, on commet, en prenant $\dfrac{355}{113}$, une erreur moindre que la différence de ces deux fractions, qui est égale à $\dfrac{1}{113 \times 2931}$ ou plus petite que 0,00001. Il est très-remarquable que les deux fractions $\dfrac{355}{113}$ et $\dfrac{314159}{100000}$, dont la première est exprimée en termes bien simples, donnent en décimales les mêmes approximations pour le rapport de la circonférence au diamètre. C'est le rapport donné par Adrien Métius.

PROBLÈMES.

(Tous les problèmes que nous allons résoudre n'exigent, pour trouver leur solution, que la connaissance des notions préliminaires contenues dans cette première partie de l'arithmétique. Nous reprendrons plus tard quelques-uns d'entre eux pour les résoudre par des méthodes plus expéditives.)

119. *Trouver sans balance le poids d'une enclume qu'on veut livrer, sachant que, plongée dans l'eau, elle déplace* 15,79 litres *d'eau, et que le fer pèse* 7,788 *fois autant que l'eau sous le même volume.*

On demande également le prix de l'enclume à 1',80 *le kilogramme.*

L'enclume déplaçant un volume d'eau égal à 15^l,79, son volume est donc celui de 15^l,79. Si le fer était de même poids que l'eau sous le même volume, l'enclume pèserait donc 15^k,79, car un litre d'eau pèse 1^k. Si le fer pesait 2, 3, 4... fois autant que l'eau sous le même volume, le poids de l'enclume serait égal à 2, 3, 4... fois 15^k,79 ; donc, puisque le fer pèse 7,788 fois autant que l'eau, le poids de l'enclume sera égal à 15^k,79 répété

7,788 fois, c'est-à-dire au produit de ces deux nombres ou à 122_k,97252, § 41.

Le prix du kilogramme de fer ainsi travaillé étant de 1^f,80, pour avoir le prix de l'enclume, il suffit de répéter 1^f,80 un nombre de fois égal au nombre de kilogrammes. Ce produit donne 221^f,35 à moins d'un centième près.

120. *Pour* 1^f, *on a acheté un modèle en fonte pesant* 2^k,4 ; *on demande le poids d'une pièce de la même fonte qui a coûté* 36,45. — Puisque pour 1^f on a acheté 2^k,4 de fonte, pour 2, 3, 4... francs on aurait 2, 3, 4... fois autant de kilogrammes de fonte. Donc le poids de la seconde pièce de fonte est égal à 2^k,4 répété autant de fois qu'il y a d'unités dans le nombre 36,45 ; c'est-à-dire que le poids de la pièce sera égal au produit 2^k,4 par 36,45, ou égal à 87^k,48.

121. *Un étau a coûté* 90^f,87. *Le prix du kilogramme de fer ainsi travaillé est de* 2^f,42. *On demande le poids de l'étau et son volume en mètres cubes, sachant qu'un mètre cube de fer pèse* 7788 *kilogrammes.* — Le prix du kilogramme étant 2^f,42, si le prix de l'étau était 2, 3, 4... fois plus grand, l'étau pèserait 2, 3, 4... kilogrammes. Si donc nous cherchons combien de fois 90,87 contient 2^f,42, nous aurons le nombre de kilogrammes renfermé dans le poids de l'étau. Cette division donne 37,549, § 64. Donc le poids de l'étau est 37^k,549.

Pour trouver le volume de l'étau, nous remarquerons que, puisqu'un mètre cube de fer pèse 7788^k, si le poids de l'étau était 2, 3, 4... fois plus grand, le volume de l'é-tau serait de 2, 3, 4... mètres cubes. Il faut donc chercher combien de fois le poids de l'étau contient le poids d'un mètre cube de fer, pour avoir le nombre de mètres cubes renfermés dans le volume de l'étau : c'est-à-dire qu'il faut diviser 37^k,549 par 7788. Le quotient est 0,004821. Donc le volume de l'étau est de $\overset{\text{m. c c.}}{0},004821$, à moins d'un centi-mètre cube près, § 20.

122. $\overset{\text{m. c. c.}}{5},0664$ *de bois de sapin ont coûté* 265^f,34, *on de-*

mande le prix du mètre cube, à moins d'un centime près. — Si 2, ou 3, ou 4, ou... mètres cubes de bois de sapin avaient coûté 263^f,34, le prix du mètre cube serait : ou 263^f,34 divisé par 2, ou 263^f,34 divisé par 3, ou... Il faut donc ici, pour trouver le prix du mètre cube, diviser le prix 263^f,34 par le nombre de mètres cubes 5,0644, considéré comme nombre abstrait. Le quotient est 51^f,98.

123. *On demande le volume en mètres cubes d'une pièce de bois de charpente en chêne pesant* 6500^k, *sachant que le bois de chêne pèse* 0,1 *de moins que l'eau sous le même volume.* — Une pièce de bois de chêne pèse donc les 0,9 de ce que pèse un volume d'eau égal au sien. Si cette pièce pesait ou 2, ou 3, ou... fois autant que l'eau sous le même volume, en divisant son poids ou par 2, ou par 3, ou..., on aurait le poids du même volume d'eau en kilogrammes, et ce poids serait égal au volume en litres ou décimètres cubes, § 22 ; ce serait donc aussi le volume de la pièce de bois. Or, ce bois, au lieu de peser 2, 3... fois l'eau, pèse les 0,9 de l'eau. Nous aurons donc le volume en litres ou plutôt en décimètres cubes de la pièce de bois, en divisant 6500^k par 0,9, ce qui donne 7222,22 (déc. cub.) ou 7,222 (m. c. c.), § 20.

124. *Une pièce de fonte du poids de* 264^k,607 *étant plongée dans l'eau déplace un volume d'eau égal à* 0,0367 *de mètre cube, on demande combien cette fonte pèse de fois autant que l'eau sous le même volume.* — La pièce de fonte a le même volume que l'eau qu'elle déplace, et le poids de cette eau déplacée, en kilogrammes, est le même que son volume en litres ou en décimètres cubes, § 22, ou 36^k,7. Si donc la pièce de fonte pesait 2, 3, 4... fois le nombre 36^k,7, la fonte pèserait 2, 3, 4... fois l'eau sous le même volume. Il faudra donc diviser le poids de la pièce de fonte par le poids 36^k,7 pour avoir le nombre de fois que la fonte pèse autant que l'eau sous le même volume. Cette division donne pour quotient 7,21. La fonte pèse donc 7,21 fois autant que l'eau sous le même volume.

125. *Le prix du mètre cube de bois de chêne étant de 75^f,90, on demande combien on aura de mètres cubes pour 749^f,20.* — Il est clair qu'on en aura autant que le nombre 749^f,20 contient le nombre 75$_f$,90, c'est-à-dire un nombre égal au quotient de 749,20 par 75^f,90. Ce quotient est 9,87.

On aura donc 9,87 $\overset{\text{m.c.c.}}{}$ pour 749^f,20.

126. *Les $\frac{5}{7}$ d'un nombre sont égaux aux $\frac{3}{4}$ de 60; on demande quel est ce nombre.* — Cherchons d'abord les $\frac{3}{4}$ de 60. Cette opération trouve sa règle, § 104; on a 45 pour résultat. Le problème est donc ramené à celui-ci : les $\frac{5}{7}$ d'un nombre sont égaux au nombre 45 ; quel est ce nombre? Cette question a été déjà traitée indirectement à l'occasion de la division des fractions, § 105. Nous allons répéter ici le raisonnement. Si les $\frac{5}{7}$ du nombre cherché sont égaux à 45, un seul septième sera cinq fois plus petit que 45, ou égal à $\frac{45}{5}$. Donc le nombre cherché sera sept fois plus grand que ce septième, c'est-à-dire $\dfrac{7.45}{5}$, ou enfin 63.

Donc, 63 est le nombre dont les $\frac{5}{7}$ sont égaux aux $\frac{3}{4}$ de 60. En effet, le septième de 63 est 9, qui, répété cinq fois, donne 45 ou les $\frac{3}{4}$ de 60.

127. *Un bassin peut être alimenté par deux robinets. Le premier coulant seul remplirait le bassin en sept heures, et le second en cinq heures. On demande quelle sera la partie du bassin remplie lorsque les deux robinets couleront ensemble pendant une heure $\frac{5}{9}$.* — Cherchons la partie du bassin remplie par les deux robinets dans le même temps, dans une heure, par exemple. Dans une heure, le premier robinet remplit $\frac{1}{7}$ du bassin, le second $\frac{1}{5}$. Donc les deux robinets coulant ensemble dans une heure, en rempliront $\frac{1}{7} + \frac{1}{5}$, c'est-à-dire les $\frac{12}{35}$. Donc dans une heure $\frac{5}{9}$, c'est-à-dire dans $\frac{5}{9}$ d'heure, ils en rempliront les $\frac{5}{9}$ des $\frac{12}{35}$, ou les $\dfrac{5 \times 12}{9 \times 35}$, § 104, ou enfin les $\frac{4}{21}$ du bassin.

128. *Un robinet met $\frac{3}{7}$ d'heure à remplir un bassin. Un autre robinet met $\frac{4}{5}$ d'heure. On demande en combien de temps les deux robinets coulant ensemble rempliront le bassin.* — Cherchons la partie du bassin remplie par les deux robinets coulant ensemble pendant une heure. Nous en déduirons ensuite le temps qu'ils emploient à remplir tout le bassin. Le premier, dans $\frac{3}{7}$ d'heure, remplit le bassin; donc, dans $\frac{1}{7}$ d'heure, il remplira $\frac{1}{3}$ du bassin, et dans une heure les $\frac{7}{3}$ du bassin. On trouve de la même manière que le second robinet, dans une heure, remplit les $\frac{5}{4}$ du bassin. Donc les deux robinets, en coulant ensemble pendant une heure, remplissent les $\frac{7}{3}$ plus les $\frac{5}{4}$, ou les $\frac{28}{12}$ plus $\frac{15}{12}$, ou les $\frac{43}{12}$ du bassin.

Les $\dfrac{43}{12}$ du bassin étant remplis en 1 heure,

$$\frac{1}{12} \qquad \text{sera rempli en } \frac{1}{43} \text{ d'heure.}$$

Donc le bassin. . . . . en $\dfrac{12}{43}$

Ainsi, les deux robinets, coulant ensemble, rempliront le bassin en $\frac{12}{43}$ d'heure, ou 16 minutes 44 secondes, à moins d'une seconde.

129. *Un volant en fonte pesant 5695^k, a coûté $3189^f,20$; on demande le prix de la fonte pour 100^k.*

Puisque

$$5695 \text{ k. de fonte coûtent} \ldots 3189 \text{ f., } 20 \text{ c.}$$

$$1 \text{ k. coûtera } 5695 \text{ fois moins ou } \frac{3189 \text{ f., } 20 \text{ c.}}{5695}$$

$$100 \text{ k. coûteront cent fois plus ou } \ldots \frac{3189 \text{ f., } 20 \text{ c.} \times 100}{5695}$$

ou, en effectuant les calculs, 56 fr.

130. *On a acheté $150^k,054$ de fonte pour 65,85 ; on demande combien on aura de kilogrammes de la même fonte pour 1500 fr.*

Puisque

Pour 65 fr. 85 c. on a acheté. . . . . $150^k.054$ de fonte,

Pour 1 fr. on achètera 65,85 fois moins ou $\dfrac{150^k.054}{65,85}$

Pour 1500 fr. on achètera 1500 plus ou $\dfrac{150^k.054 \times 1500}{65,85}$

en effectuant les calculs, on trouve $5418^k,086$.

131. *45 ouvriers ont fait un certain ouvrage en 20 jours; on demande combien 36 ouvriers mettront de jours pour faire le même ouvrage.*

Puisque

45 ouvriers ont fait un certain ouvrage en 20 jours,

1 ouvrier aura fait le même ouvrage en 45 fois

plus de temps, ou. . . . . . . 20×45.

36 ouvriers auront fait le même ouvrage

en 36 fois moins de temps, ou. . $\dfrac{20 \times 45}{36} = 25$ jours,

132. *10 ouvriers ont limé une pièce de fonte de 3^m de longueur, en 15 jours, travaillant 8^h par jour; on demande combien 6 ouvriers mettront de jours pour limer une pièce de fonte de 5^m en travaillant 10^h par jour, la fonte étant deux fois plus dure que la première.*

Puisque

10 ouvriers, pour limer 3^m, travaillant 8^h par jour, ont mis 15 jours.

1 . . . . 3^m . . . 8^h . . . mettra 15.10

1 . . . . 1^m . . . 8^h . . . . . $\dfrac{15.10}{3}$

1 . . . . 1^m . . . 1^h . . . . $\dfrac{15.10.8}{3}$

Donc :

6 . . . . 1^m . . . 1^h . . . . $\dfrac{15.10.8}{3.6}$

6 . . . . 5^m . . . 1^h . . . . $\dfrac{15.10.8.5}{3.6}$

6 . . . . 5^m . . . 10^h . . . $\dfrac{15.10.8.5}{3.6.10}$

La fonte étant deux fois plus dure que la première, les

6 ouvriers mettront deux fois plus de temps, ou $\dfrac{15.10.8.5.2}{3.6.10}$.

Effectuant les calculs en simplifiant, on trouve $\frac{400}{6} = 66$ jours $\frac{2}{3}$.

133. *Trouver le nombre des dents et le rayon d'un pignon qui doit être conduit par une roue qui a 45 dents et un rayon de 1ᵐ,50, sachant que l'axe de la roue doit faire trois tours pendant que celui du pignon en fera cinq.*

Pour résoudre ce problème, nous dirons d'abord ce qui se passe lorsque deux roues se transmettent, à l'aide de dents, le mouvement imprimé à l'une d'elles. On fait voir en mécanique que deux roues, armées de dents, se transmettent le mouvement comme si les dents étaient supprimées et que des circonférences de même diamètre se transmettent le mouvement par le simple contact, à l'aide du frottement. Cette circonstance permet de faire voir que si le nombre de dents d'une des roues est 2, 3... fois plus petit que le nombre des dents de l'autre roue, le nombre de tours que fera cette dernière dans le même temps est au contraire 2, 3... fois plus grand que le nombre de tours exécutés par la première, et réciproquement. En effet, supposons que la grande roue que l'on nomme *la roue* soit double de la petite roue qu'on nomme *le pignon*, et imprimons un mouvement de rotation à la roue dans un sens. Le pignon sera entraîné dans le sens contraire, et de manière que tous ses points viendront successivement se mettre en contact avec les points de la circonférence de la roue. Mais lorsque tous les points de la circonférence du pignon seront venus se mettre en contact avec les points de la circonférence de la roue, le pignon aura fait un tour ; et comme la roue est double du pignon, la roue, pendant ce temps, n'aura fait qu'un demi-tour. On ferait voir également que si la circonférence de la roue était triple, quadruple... de celle du pignon, le pignon ferait 3, 4... fois plus de tours que la roue dans le même temps.

Cela posé, substituons des roues armées de dents aux

circonférences précédentes. Comme les dents doivent être de même grandeur, si la roue est 2, 3, 4... fois plus grande que le pignon, le nombre des dents de la roue sera 2, 3, 4... fois plus grand que le nombre des dents du pignon. Donc, comme dans ce cas le nombre de tours de la roue est 2, 3, 4... fois plus petit, on peut dire que si le nombre des dents de la roue est 2, 3, 4... fois plus grand que le nombre des dents du pignon, le nombre des tours de la roue sera 2, 3, 4... fois plus petit que le nombre de tours du pignon dans le même temps.

Revenons maintenant à la solution du problème énoncé.

Si le pignon faisait :

3 tours pendant que la roue en fait trois, il aurait 45 dents.

1 tour pendant que la roue en fait 3,   45 $\times$ 3 ou 3 fois plus.

Le pignon faisant :

5 tours pendant que la roue en fait 3, il aura $\dfrac{45 \times 3}{5}$ ou 5 fois moins.

En effectuant, on trouve 27 dents pour le pignon.

On démontre, en géométrie, que si la circonférence d'un cercle est 2, 3, 4... fois plus grande que la circonférence d'un autre cercle, le diamètre du premier est aussi 2, 3, 4... fois plus grand. Or, comme le nombre des tours est de 2, 3, 4... fois plus petit, si la circonférence est 2, 3, 4... fois plus grande, il s'ensuit que si le nombre des tours de la roue est 2, 3, 4... fois plus petit que le nombre des tours du pignon, le diamètre de la roue sera, au contraire, 2, 3, 4... fois plus grand que celui du pignon.

Or, si le pignon faisait :

3 tours pendant que la roue en fait 3, il aurait 1^m,50 de rayon.

1 . . . . 3 . . . . 3 . 1^m,50

Le pignon faisant :

5 tours pendant que la roue en fait 3, il aura. . $\dfrac{3.1^m,50}{5}$

Le pignon aura donc 0^m,90.

134. *Société. Règle de société simple, composée.* — Lorsque deux ou un plus grand nombre de personnes mettent une somme en commun pour une spéculation quelconque, elles forment une *société*, et l'on appelle *règle de société* une opération qui a pour but de partager entre ces personnes le bénéfice ou la perte qui est résultée de cette spéculation.

La somme apportée à la société par chacun des associés s'appelle *mise.* Lorsque les mises restent le même temps, la règle de société est dite *règle de société simple ;* les bénéfices ou les pertes des associés ne dépendent alors que de leurs mises. Si, au contraire, les mises ne restent pas le même temps, la règle de société est dite *règle de société composée ;* dans ce cas, les bénéfices ou les pertes des associés dépendent et de leurs mises et du temps que les mises sont restées dans la société. Nous allons donner un exemple de chacune de ces règles.

135. *Trois personnes ont formé une société. La première y a placé* 18000 *fr., la seconde* 25000 *fr., et la troisième* 21000 *fr. La société fait un bénéfice de* 8000 *fr. On demande celui de chaque associé.* — La somme qui a donné un bénéfice de 8000 fr. est égale à la somme des trois mises, ou à 64000 fr. Donc :

Puisque 64000 fr. ont rapporté.   .   .   .   8000 fr.

1 fr. doit rapporter.   .   .   . $\dfrac{8000}{64000}$

18000 doivent rapporter.   .   . $\dfrac{8000 \times 18000}{64000}$ ou 2250 fr.

25000.   .   .   .   . $\dfrac{8000 \times 25000}{64000}$ ou 3125

21000.   .   .   .   . $\dfrac{8000 \times 21000}{64000}$ ou 2625

$\overline{8000 \text{ fr.}}$

Les bénéfices des trois associés sont donc de 2250 fr., 3125 fr., 2625 fr. Leur somme fait bien 8000 fr.

On peut en déduire cette règle pratique :

Dans une question de société simple, le gain de chaque associé est égal à sa mise multipliée par le gain total et divisée par la somme des mises.

136. *Trois personnes forment une société, la première y*

place 12000 *fr. qui restent cinq mois; la seconde* 15000 *fr. qui restent sept mois ; et la troisième* 33000 *fr. qui restent trois mois.* La société fait un bénéfice de 11000 fr. *On demande celui de chaque associé.* — Dans cette question, les bénéfices dépendent à la fois des mises et du temps pendant lequel elles restent dans la société. Mais il est évident que le bénéfice donné par 12000 fr. restant cinq mois dans la société, est le même que celui qui serait donné par 12000 fr. $\times$ 5, ou par 60000 fr. y restant un seul mois. De même le bénéfice de 15000 fr. pendant sept mois est le même que celui de 7 $\times$ 15000 francs ou de 105000 fr. pendant un mois; et le bénéfice de 33000 fr. pendant trois mois est le même que celui de 3 $\times$ 33000 fr. ou de 99000 fr. pendant un mois.

Le problème est donc ramené à une question du genre de la précédente, car on aura ce nouvel énoncé :

Trois personnes ont formé une société. La première y a placé 60000 *fr., la seconde* 105000 *fr., la troisième* 99000 *fr. Ces sommes sont restées le même temps dans la société, qui a fait un bénéfice de* 11000 *fr. On demande celui de chaque associé.*

La règle du paragraphe précédent donne pour les trois bénéfices

$$\frac{11000 \times 60000}{264000}, \ \frac{11000 \times 105000}{264000}, \ \frac{11000 \times 99000}{264000}$$

ou 2500 fr., 4375 fr., 4125 fr.

De là cette règle :

Dans une question de société composée, pour obtenir le bénéfice ou la perte d'un associé, on multiplie le bénéfice ou la perte de la société par le produit de la mise de cet associé, par le temps que cette mise a été placée, et l'on divise le résultat par la somme des produits des mises par le temps que chacune d'elles a été placée.

137. *Intérêt simple, composé. Capital, taux de l'intérêt.* — On dit qu'une somme est prêtée *à intérêt*, lorsque le prêt est fait à condition que le débiteur payera un certain bénéfice au créancier. La somme prêtée s'appelle *capital*, et le bénéfice *intérêt*.

Une somme est placée *à intérêt simple*, lorsque le capital reste le même pendant tout le temps du placement, et qu'on se contente de retirer les intérêts; elle est placée *à intérêts composés*, lorsqu'après une période de temps déterminée, l'intérêt s'ajoute au capital pour porter intérêt pendant la période qui va suivre. Nous ne traiterons ici que des intérêts simples.

Lorsqu'une somme est placée à intérêt, une convention doit être faite entre le créancier et le débiteur pour régler l'intérêt de cette somme. On convient qu'un capital constant rapportera dans un temps donné un certain intérêt, qui s'appelle *taux de l'intérêt*. Ce capital constant est ordinairement 100 fr., et le temps pendant lequel on le suppose placé est un an. Alors la somme est dite placée à 5, à 4, à 3 pour cent, suivant qu'il est établi que 100 fr. rapporteront 5 fr., 4 fr., 3 fr. d'intérêt annuel. On peut donner pour taux l'intérêt de 1 fr., ou d'une autre somme quelconque.

On appelle donc *taux de l'intérêt*, l'intérêt de 100 fr. pendant un an, ou en général, l'intérêt d'une somme déterminée.

Dans les transactions ordinaires, le taux que l'on considère comme *légal* est celui de 5 pour cent. Dans le commerce le taux de l'argent est de 6 pour cent.

138. *On demande l'intérêt d'une somme de 23645 fr. placée à 6 pour 100 pendant 4 ans.*

D'après l'énoncé,

L'intérêt de 100 fr. pendant 1 an est de. . . . . 6 fr.

$$\text{Donc celui de } 1 \quad \ldots \quad 1 \ldots \ldots \frac{6}{100}$$

$$1 \quad \ldots \quad 4 \text{ ans} \ldots \frac{6 \cdot 4}{100}$$

$$23645 \quad \ldots \quad 4 \ldots \frac{6 \cdot 4 \cdot 23645}{100} \text{ ou } 5674 \text{ fr. } 80$$

D'où l'on voit que, *pour avoir l'intérêt d'une somme placée pendant un certain nombre d'années, il faut multiplier la somme par l'intérêt de 100 fr., puis le produit par le nombre d'années, et diviser par 100.*

139. *On demande l'intérêt d'une somme de 42612 fr. 50 placée à 6 pour 100 pendant 2 ans et 7 mois ou 31 mois.* — Prenons pour taux de l'intérêt, l'intérêt de 1 fr. pendant un an. Il est ici à $0^f,06$.

$$\text{L'intérêt de } \quad 1 \text{ fr. pendant 1 an est de.} \quad \cdots \quad 0 \text{ fr. } 06$$

$$\text{Donc celui de 1} \quad \cdots \quad 1 \text{ mois.} \quad \cdots \quad \frac{0 \text{ fr. } 06}{12}$$

$$1 \quad \cdots \quad 31 \text{ mois.} \quad \cdots \quad \frac{0,06.31}{12}$$

$$42612 \text{ fr. } 50 \quad \cdots \quad 31 \quad \frac{0,06.31.42612,50}{12} \text{ ou } 6604 \text{ fr. } 94$$

D'où l'on voit que, *pour trouver l'intérêt d'une somme placée pendant un certain nombre de mois, il faut multiplier cette somme par l'intérêt de 1 fr., puis le produit par le nombre de mois, et diviser par 12.*

140. *Identité des deux règles précédentes. Règle générale pour trouver l'intérêt d'une somme placée pendant un temps quelconque.* — Les deux règles précédentes se réduisent à une seule. En effet, dans la première on multiplie la somme placée par 6, et l'on divise par 100, ce qui revient évidemment à ce qui se fait dans la seconde, car ce n'est que multiplier par 0,06. Enfin, dans la première, on multiplie par le nombre d'années 4; dans la seconde, par le nombre de mois 31; et l'on divise par 12, ce qui n'est que multiplier par le nombre d'années $\frac{31}{12}$. Donc enfin, on peut renfermer ces deux règles dans celle-ci plus générale :

Pour trouver l'intérêt d'une somme placée pendant un certain temps, il faut multiplier la somme placée par l'intérêt d'un franc, et le produit par le nombre d'années entier ou fractionnaire pendant lequel la somme est placée.

Ainsi, pour dernier exemple, soit proposé de trouver l'intérêt de la somme de 345 fr. 25 pendant trois ans cinq mois, le taux de l'intérêt étant de $6\frac{1}{4}$ pour 100. L'intérêt d'un franc est ici 0 fr., 0625. Le temps égale $\frac{41}{12}$ d'année.

Donc, l'intérêt égale 345 fr. 25 $\times$ 0 fr. 0625 $\times \frac{41}{12} =$ 73 fr.72.

Comme dans toute question d'intérêt simple, il entre quatre quantités, le capital, l'intérêt, le nombre des années et le taux de l'intérêt, il y a donc quatre questions différentes à résoudre. Nous en avons déjà traité une ; nous allons successivement traiter celles où le capital, ou le nombre des années, ou le taux de l'intérêt est inconnu.

Toutes les questions que l'on peut se proposer sur les intérêts rentrent dans l'un de ces quatre problèmes.

141. *On demande le capital qu'il faut placer à 5 pour 100 pendant trois ans et cinq mois, pour qu'il rapporte au bout de ce temps 2,436 francs.*

Puisque 5 fr. sont rapportés au bout de 1 an par . 100 fr.

$$1 \text{ est rapporté} \ldots \ldots 1 \ldots \frac{100}{5}$$

$$1 \ldots \ldots \ldots 1 \text{ mois} \ldots \frac{100:12}{5}$$

$$1 \ldots \ldots \ldots 41 \ldots \frac{100:12}{5 \cdot 41}$$

$$2436 \ldots \ldots \ldots 41 \ldots \frac{100:12:2436}{5 \cdot 41}$$

En effectuant, on trouve 14259 fr. 51.

Si l'on remarque que l'expression précédente peut être considérée comme égale au nombre 2436 divisé d'abord par $\frac{5}{100}$ ou 0,05, puis par $\frac{41}{12}$, car multiplier par $\frac{100}{5}$ et par $\frac{12}{41}$, c'est diviser par $\frac{5}{100}$ et par $\frac{41}{12}$, § 105, on ne peut conclure cette règle :

Pour trouver le capital qu'il faut placer pour qu'il rapporte une somme donnée au bout d'un temps donné, il faut diviser cet intérêt par le produit de l'intérêt d'un franc par le nombre des années entier ou fractionnaire.

142. *On demande pendant combien de temps il faut placer une somme de 34911 fr., à 5 pour 100, pour qu'elle rapporte 2327 fr. 40 d'intérêt.*

$$100 \text{ fr. rapportent } 5 \text{ fr. d'intérêt au bout de.} \qquad 1 \text{ an.}$$

$$1 \ldots \ldots 5 \ldots \ldots \ldots 100 \text{ ans.}$$

$$1 \ldots \ldots 1 \ldots \ldots \ldots \frac{100}{5} \text{ d'années.}$$

$$34911 \ldots \ldots 1 \ldots \ldots \ldots \frac{100}{5 \times 34911}$$

$$34911 \ldots 2327 \text{ fr. } 40 \ldots \ldots \frac{100 \times 2327,40}{5 \times 34911}$$

En effectuant, on trouve un an et $\frac{58815}{174555}$ d'année. Pour réduire cette fraction en mois, nous remarquerons que le numérateur exprime des années, que nous avons à diviser par le dénominateur. Réduisant ces années en mois, en multipliant leur nombre par 12, et effectuant la division, on trouve 4 mois. Donc, le résultat est un an 4 mois.

En remarquant comme précédemment que multiplier par 100 et diviser par 5, c'est diviser par $\frac{5}{100}$ ou 0,05, on peut conclure du résultat précédent cette règle :

Pour trouver le temps pendant lequel il faut placer une somme donnée pour qu'elle rapporte une autre somme donnée, il faut diviser l'intérêt par le produit de l'intérêt d'un franc par le capital.

143. *On demande à quel taux il faut placer une somme de 30080 fr., pour qu'elle rapporte 4512 fr. d'intérêt au bout de 3 ans.*

$$30080 \text{ fr. au bout de 3 ans rapportent.} \quad . \quad 4512 \text{ fr.}$$

$$1 \ldots \ldots 3 \ . \ \text{rapporte} \ . \ \cdot \frac{4512}{30080}$$

$$1 \ldots \ldots 1 \ldots \ldots \cdot \frac{4512}{30080 \times 3}$$

On trouve 0 fr. 05.

Donc, *pour trouver le taux de l'intérêt ou l'intérêt d'un franc, quand on a placé une somme donnée, et qu'elle a rapporté une autre somme donnée, il faut diviser l'intérêt par le produit du capital par le nombre des années.*

144. *Des rentes sur l'Etat.* — Lorsque les revenus d'un Etat sont insuffisants pour couvrir ses dépenses, cet Etat est obligé de faire un *emprunt*. Il en négocie les condi-

tions avec les banquiers qui se présentent, et conclut avec celui dont les propositions lui paraissent les plus avantageuses. Mais, dans la détermination de l'intérêt que l'Etat devra payer pour le capital qui lui sera prêté, on ne convient pas qu'un capital fixe tel que 100 fr. rapportera un certain intérêt. On stipule, au contraire, qu'un intérêt fixe tel que 5 fr. sera rapporté par un capital convenu, et la quotité de ce capital que le banquier prête à l'Etat pour en recevoir 5 francs d'intérêt annuel, dépend de la situation financière et politique du gouvernement qui contracte l'emprunt.

Cette convention faite, si, par exemple, le banquier donne 97 fr. à l'Etat pour en recevoir 5 fr. d'intérêt annuel, il lui est remis en échange de chaque somme de 97 fr. une *inscription* de 5 fr. de rente. Cette inscription passe des mains du banquier entre celles des particuliers qui l'ont aidé de leurs *fonds*, et elle peut ensuite être vendue à la *Bourse*, par l'entremise des *agents de change*, soit pour une somme de 97 fr., soit pour une somme plus forte ou plus faible, suivant que le *cours de la rente* aura *monté* ou *baissé* depuis le jour de l'émission de l'emprunt.

On appelle *cours de la rente* le capital variable qui est représenté par une rente de 5 fr., 4 fr., 3 fr.... due par l'Etat.

Le cours de la rente est variable et dépend de la confiance ou de la crainte réelle ou supposée qu'inspire la situation de l'Etat. Il est *coté* tous les jours à la Bourse par les agents de change. On dit que la rente est au *pair* lorsqu'elle est au cours de 100 fr.

La rente est dite à 5, à 4, à 3 pour 100, suivant que le cours est représenté par une inscription de 5 fr., de 4 fr. ou de 3 fr. de rente. Mais il est évident que la rente n'est réellement à ce taux que lorsqu'elle est au *pair*.

145. *Quelle somme faut-il débourser pour acheter* 600 *fr. de rente* 5 *pour* 100, *le cours de la rente étant à* 108 fr. 90?

Un titre de 5 fr. de rente représente.   .   108 fr. 90 de capital.

$$1 \quad . \quad . \quad . \quad . \quad . \quad . \quad . \quad \frac{108 \quad 90}{5} \text{ de franc.}$$

$$600 \quad . \quad . \quad . \quad . \quad . \quad . \quad \frac{108,90 \times 600}{5}$$

On trouve 13068 fr. Les 600 fr. de rente coûtent donc 13068 fr. Mais pour faire voir que cette question a été déjà résolue, § 141, nous remarquerons qu'en effet la question n'a pour but que de trouver le capital qu'il faut placer à un intérêt de 5 fr. pour 108 fr. 90, pour que ce capital rapporte 600 fr. au bout d'un an. La règle générale dit de diviser l'intérêt par le produit de l'intérêt de 1 franc par le nombre des années. Ici, il faut diviser 600 par $\frac{5}{108,90} \cdot 1$, ou multiplier 600 par la fraction $\frac{5}{108,90}$ renversée, ce qui donne également $\frac{108,90 \times 600}{5}$.

146. *Des sociétés par actions.* — Lorsqu'une entreprise exige pour son exécution des sommes considérables au-dessus des ressources d'un simple particulier, on peut réunir les fonds nécessaires en formant une *société anonyme par actions.*

Une société anonyme se compose d'un certain nombre d'actionnaires auxquels il est délivré un titre d'action de 5 fr., de 1000 fr... en échange de pareille somme qu'ils versent dans la caisse de la société. Ces actions donnent droit à une part déterminée dans les bénéfices de l'entreprise, si elle réussit; comme aussi elle supporte une part dans la perte, s'il y en a. Elles sont *négociables* à la Bourse, comme les rentes sur l'Etat, et elles ont un cours, dont l'élévation dépend de la prospérité réelle ou supposée de l'entreprise.

A certaine époque déterminée, on partage aux actionnaires, sous le titre de *dividende*, la part du bénéfice qui leur est attribuée par les statuts de la société.

147. *Les actions d'une entreprise industrielle sont au cours* *de 1696 fr., les actionnaires reçoivent 53 fr. de dividende pour un semestre. On demande à quel taux sont placées les actions de cette entreprise.*

Puisque 1696 fr. en 6 mois rapportent. . 53 fr.
1696   1 an . . . . 53×2

$$1 \qquad 1 . . . . \frac{53 \times 2}{1696}$$

On trouve 0,0625 pour 1 fr. et 6 fr. 25 pour 100 fr.; une action de 1696 fr. donne donc 6 fr. 25 pour 100 d'intérêt annuel.

Cette question est du genre de celle résolue, § 143. En effet, 53 fr. est l'intérêt rapporté pendant 6 mois, et 1696 fr. est le capital. D'après la règle, on devra donc diviser l'intérêt 53 fr. par le produit du capital par le nombre des années, produit qui est $1696 \times \frac{1}{2}$. En divisant 53 fr. par ce produit, il vient $\dfrac{53 \times 2}{1696}$, comme on l'a trouvé directement.

148. Escompte. *Escompte en dedans, escompte en dehors.* — On appelle *escompte* la retenue que l'on fait sur une somme qui n'est payable que dans un certain temps, et que l'on veut se faire payer immédiatement.

L'escompte est *simple* ou *composé*, suivant que la somme due a été placée à intérêt simple ou à intérêt composé. Nous ne nous occuperons que de l'escompte simple.

Puisqu'une somme de 100 fr. placée pendant un an rapporte 5 fr., on est alors possesseur au bout de l'année de 105 fr. Si donc on doit une somme de 105 fr. payable dans un an, cette somme vaut actuellement 100 fr., et l'on ne devrait retenir que 5 fr. d'escompte sur le billet ou la somme due, 105 fr. Quoique cette méthode paraisse logique, ce n'est pourtant pas celle que l'on adopte dans le commerce, où, au lieu de dire que 105 fr. payables dans un an valent 100 fr. actuellement, ou que pour 105 fr. une somme due, on doit retenir 5 fr. d'escompte, c'est pour une somme de 100 fr. payable dans un an que l'on retient 5 fr. d'escompte. On retient donc moins dans la première méthode que dans la seconde, car si dans cette dernière, pour 100 fr. on retient 5 fr., pour 105 fr. on retiendrait davantage. Dans le premier cas, si l'on doit 105 fr., l'escompte est 5 fr. ou l'intérêt de 100 fr., c'est-à-dire l'intérêt de la valeur actuelle de la somme due 105 fr. Dans le second cas, si l'on doit la même somme 105 fr., comme pour une somme due 100 fr., on retient 5 fr., c'est-à-dire l'intérêt de 100 fr., pour la somme 105 fr. on retiendrait l'intérêt de 105 fr., c'est-à-dire l'intérêt de la somme due elle-même. Le premier escompte a reçu le nom de *escompte en dedans*, le second, celui de *escompte en dehors*.

Ainsi, *l'escompte en dedans est l'intérêt de la valeur actuelle de la somme due*, et *l'escompte en dehors est l'intérêt de la somme due*.

En France, on a adopté l'escompte en dehors, quoique ce ne soit pas le plus légal, peut-être, parce qu'il est plus facile à obtenir, comme nous allons le voir. Mais, auparavant, il est essentiel de faire voir la différence qu'il y a entre ces deux espèces d'escompte.

En prenant l'escompte de la même somme 105 fr. en dedans et en dehors, on aurait pour le premier 5 fr., c'est-à-dire l'intérêt de 100 fr., valeur actuelle de la somme due. Pour le second, puisque, pour une somme due 100 fr. on retient 5 fr. ou l'intérêt de cette somme, pour la somme due 105 fr. on devra retenir l'intérêt de 105 fr. Or, évidemment l'intérêt de 105 fr. se compose de l'intérêt de 100 fr., plus de l'intérêt de 5 fr. Donc, l'escompte en dehors se compose de l'intérêt de 100 fr., plus de l'intérêt de 5 fr. Mais l'intérêt de 100 fr., c'est l'escompte en dedans ; l'intérêt de 5 fr., c'est l'intérêt de cet escompte. Donc, on peut dire, en général, que *l'escompte en dehors est égal à l'escompte en dedans, plus l'intérêt de cet escompte.*

Nous allons maintenant éclaircir ce qui précède par quelques exemples.

149. *Escompter une somme de 693 fr. payable dans un an, le taux de l'escompte étant de 5 pour 100 par an.*

ESCOMPTE EN DEDANS.

Pour 105 fr. payables dans 1 an, on retient . . 5 fr.

$$1 \quad . . . . . 1 . . . . \frac{5}{105}$$

$$693 \quad . . . . 1 . . . . \frac{5 \times 693}{105} = 33 \, \text{f.}$$

ESCOMPTE EN DEHORS.

Pour 100 fr. payables dans 1 an, on retient. 5 fr.

$$1 \quad . . . . . . 1 . . . . \frac{5}{100}$$

$$693 \quad . . . . . . 1 . . . . \frac{5.693}{100} = 34 \, \text{fr.} 65.$$

On voit donc que l'escompte en dehors est en effet plus grand que l'escompte en dedans, et l'excès de 34 fr. 65 sur 33 fr., c'est-à-dire 1 fr. 65, est bien l'intérêt de l'escompte en dedans, ou l'intérêt de 33 fr., car pour avoir cet intérêt, § 138, il faut multiplier 33 par 0,05, ce qui donne 1 fr. 65.

Donc l'escompte en dehors est bien composé de l'escompte en dedans, plus de l'intérêt de cet escompte. On s'en rend aisément compte, comme nous l'avons fait à la fin du paragraphe précédent, avec la somme 105 fr., en examinant la forme non effectuée de l'escompte en dehors ; en effet, en multipliant 693 par $\frac{5}{100}$, on multiplie 693, la somme due, par l'intérêt d'un franc, ce qui donne l'intérêt de 693 fr., § 138. Mais 693 se compose évidemment de sa valeur actuelle 660 fr., plus de l'intérêt 33 fr. de cette valeur actuelle jusqu'au moment de l'échéance. Donc l'intérêt de 693 fr., ou l'escompte en dehors, se compose de l'intérêt de 660 fr., c'est-à-dire de l'escompte en dedans, plus de l'intérêt de 33 fr., c'est-à-dire plus de l'intérêt de l'escompte.

150. *Escompter une somme de 8901 fr. payable dans sept mois, le taux étant de 6 pour 100.*

ESCOMPTE EN DEDANS.

Nous allons d'abord chercher ce que 100 fr. placés actuellement valent dans sept mois. Or :

100 fr. en 1 an rapportent . . . 6 fr.

$$100 \quad . \quad 1 \text{ mois} \quad . \quad . \quad . \quad . \quad . \quad \frac{6}{12}$$

$$100 \quad . \quad 7 . \quad . \quad . \quad . \quad . \quad . \quad \frac{6.7}{12}$$

$$100 \text{ dans } 7 \text{ vaudront } 100 \text{ fr., plus } \frac{6.7}{12} \text{ ou } \frac{1242 \text{ fr.}}{12} \text{ ou } \frac{207 \text{ fr.}}{2}.$$

Donc, puisque 100 fr. placés actuellement valent dans 7 mois $\frac{207}{2}$, une somme de $\frac{207}{2}$, payable dans 7 mois, vaut actuellement 100 fr., ou bien on doit prendre sur cette somme $\frac{7}{2}$ fr. d'escompte.

Cela posé :

$$\text{Sur } \frac{207}{2} \text{ f. payables dans 7 mois, on retiendra } \frac{7}{2} \text{ fr.}$$

$$\frac{1}{2} \quad . \quad . \quad . \quad . \quad . \quad . \quad . \quad . \quad . \quad . \quad \frac{7}{2.207}$$

$$1 \quad . \quad . \quad . \quad . \quad . \quad . \quad . \quad . \quad \frac{7 \times 2}{2 \times 207} \text{ ou } \frac{7}{207}$$

$$8901 \quad . \quad . \quad . \quad . \quad . \quad . \quad . \quad \frac{7 \times 8901}{207} \text{ ou } 301 \text{ fr.}$$

ESCOMPTE EN DEHORS.

100 fr. payables dans 1 an, donnent. 6 fr. d'escompte.

$$\text{Donc } 100 \quad . \quad . \quad . \quad . \quad 1 \text{ mois} \quad . \quad . \quad \frac{6}{12}$$

$$100 \quad . \quad . \quad . \quad . \quad 7 \quad . \quad . \quad . \quad \frac{6.7}{12}$$

$$1 \quad . \quad . \quad . \quad . \quad 7 \quad . \quad . \quad . \quad \frac{6.7}{100.12}$$

$$8901 \quad . \quad . \quad . \quad . \quad 7 \quad . \quad . \quad . \quad \frac{6.7.8901}{100.12} \text{ ou } 311 \text{ fr. } 535$$

La différence entre les deux escomptes est égale à 10 fr. 535. Cette somme doit être l'intérêt de 301 fr. En effet, pour obtenir cet intérêt, il faut multiplier 301 par $\frac{7}{12}$ et par $\frac{6}{100}$ ou 0,06, § 138 ; le résultat est, en effet, 10 fr. 535.

151. *Règle générale pour escompter une somme payable au bout d'un temps donné.* — D'après ce qu'on vient de voir, l'escompte en dedans est bien plus long à déterminer que l'escompte en dehors. Pour obtenir ce dernier, on a vu qu'il fallait chercher l'intérêt de la somme due, car nous avons multiplié la somme 8901 par l'intérêt d'un franc $\frac{6}{100}$ et par le nombre des années $\frac{7}{12}$. D'où l'on peut conclure la règle générale suivante qui est la seule à conserver dans son souvenir pour la pratique, puisqu'elle est relative à l'escompte en dehors ;

Pour trouver l'escompte d'une somme payable au bout d'un temps donné, il faut chercher l'intérêt de cette somme pendant ce temps, c'est-à-dire multiplier cette somme due par l'escompte d'un franc et par le nombre des années.

(Les notions qui précèdent, constituent les parties de l'arithmétique qui n'exigent pas la connaissance des premiers principes de l'algèbre. Les notions qui suivent réclament plus particulièrement le secours de cette science, et c'est pour cette raison que nous en avons fait une partie distincte, qui ne doit être étudiée que dans le second semestre, quand les premières leçons d'algèbre ont été données.)

DEUXIÈME PARTIE

RACINE CARRÉE.

152. *Définir le carré et la racine carrée d'un nombre.* — Nous avons déjà défini, § 47, ce qu'on entend par puissance deuxième, troisième... d'un nombre, par racine deuxième, troisième... d'un nombre. On donne plus particulièrement le nom de *carré* à la deuxième puissance d'un nombre, et le nom de *racine carrée* à la racine deuxième de ce nombre.

On appelle donc *carré d'un nombre* le produit de ce nombre par lui-même, et *racine carrée* d'un nombre, le nombre qui, multiplié par lui-même, reproduit le nombre proposé. Ainsi, 9 est le carré de 3 ; 4 est la racine carrée de 16. Le carré d'un nombre entier, décimal ou fractionnaire, pourra toujours s'obtenir, puisque nous savons multiplier entre eux des nombres quelconques. Il n'en sera pas de même si nous voulons trouver la racine carrée d'un nombre, et ce qui va suivre a pour objet de découvrir cette racine, quand on connaît le nombre proposé.

153. *Racine carrée d'un nombre à moins d'une unité près. Plus grand carré renfermé dans un nombre.* — Le carré du plus petit nombre de deux chiffres 10 étant égal au plus petit nombre de trois chiffres 100, un nombre d'un ou de deux chiffres n'aura alors qu'un seul chiffre à sa racine carrée, et il ne peut y avoir de règle à prescrire pour extraire la racine carrée d'un nombre moindre que 100. Il suffit, pour savoir effectuer ces opérations, de connaître les carrés des neuf premiers nombres.

Les carrés de 1, 2, 3, 4, 5, 6, 7, 8, 9,
sont 1, 4, 9, 16, 25, 36, 49, 64, 81
et réciproquement les racines carrées des nombres 1, 4, 9, 16... sont respectivement 1, 2, 3, 4....

Il suit de là que la racine carrée d'un nombre comme 43, compris entre les deux carrés consécutifs 36 et 49, ne peut être exprimée par un nombre entier, car cette racine est comprise entre les racines 6 et 7 de 36 et 49. Dans ce cas, on dit que le nombre 43 n'est pas carré parfait ; et comme en prenant 6 ou 7 pour valeur de la racine, on commet une erreur moindre qu'une unité, on dit alors que la racine de 43 est 6 ou 7 *à moins d'une unité près.*

6 est dit la *valeur entière approchée* de la racine 43, ou la *partie entière* de cette racine. 36 est le plus grand carré renfermé dans 43.

Le plus grand carré renfermé dans un nombre donné est donc le plus petit des carrés des deux nombres consécutifs, entre lesquels le nombre donné est compris. Le plus grand carré renfermé dans 69 est donc 64 qui est le plus petit des carrés 64 et 81 des deux nombres consécutifs 8 et 9.

154. *Lorsque la racine carrée d'un nombre n'est pas exprimée par un nombre entier, elle ne peut l'être par une fraction.* — On pourrait penser que la racine carrée d'un nombre comme 43, qui ne peut s'exprimer par un entier, est susceptible d'être représentée par un nombre fractionnaire. Il n'en est pourtant rien, comme nous allons le démontrer. En effet, si la racine de 43 pouvait être exprimée exactement par un nombre fractionnaire comme $\frac{a}{b}$, qu'on pourrait supposer irréductible, il s'ensuivrait que le produit de ce nombre par lui-même, ou $\frac{a^2}{b^2}$ pourrait être égal au nombre entier 43, ce qui est impossible ; car a et b n'ayant aucun facteur commun, a^2 et b^2 n'en ont pas non

plus, et la division de a^2 par b^2 ne saurait donner un nombre entier. Donc enfin, lorsque la racine carrée d'un nombre ne peut s'exprimer par un entier, elle ne peut non plus être exprimée par un nombre fractionnaire.

On voit ici une différence notable entre la racine carrée d'un nombre qui n'est pas un carré parfait, et les nombres que nous avons étudiés jusqu'à présent. Les entiers ont pour mesure commune l'unité, les fractions une partie de cette unité, les nombres décimaux des parties d'unités d'une grandeur particulière. Enfin, quoique les fractions périodiques soient formées de parties dont la petitesse devient infinie, ces sortes de nombres ont encore une commune mesure avec l'unité ; car ils peuvent s'exprimer exactement en fractions générales. On voit maintenant que la nature des racines carrées des nombres qui ne sont pas des carrés parfaits, ne leur permet pas d'avoir de commune mesure avec l'unité. Il suit de là même déjà, que ces racines ne peuvent être exprimées ni par un nombre décimal fini, ni même par un nombre décimal périodique, car ce nombre périodique aurait son équivalent en fraction générale, ce qui serait contraire à ce que nous venons de prouver.

155. *Nombre commensurable. Nombre incommensurable.* — On appelle *commune mesure* de deux ou plusieurs quantités une autre quantité qui est contenue un nombre exact de fois dans chacune d'elles. Les entiers ont l'unité pour commune mesure, les fractions, des parties de cette unité.

On appelle *nombre commensurable* un nombre qui a une commune mesure avec l'unité. Les entiers et les fractions sont des nombres commensurables.

On appelle *nombre incommensurable* un nombre qui n'a pas de commune mesure avec l'unité. La racine carrée d'un nombre entier, qui n'est pas un carré parfait, est donc un nombre incommensurable.

156. **Composition du carré d'un nombre formé de dizaines**

et d'unités. — Avant de passer à la recherche du procédé pour extraire la racine carrée d'un nombre quelconque, nous donnerons la composition du carré d'un nombre composé de deux parties. Soient a et b les deux parties d'un nombre. Nous avons vu, dans les premières notions d'algèbre, que ce nombre étant représenté par $a + b$, son carré $(a + b)^2$ prenait le développement $a^2 + 2\,ab + b^2$, c'est-à-dire qu'il était égal au carré de la première partie, plus le double de la première partie multiplié par la seconde, plus le carré de la seconde partie.

Si nous considérons maintenant un nombre quelconque comme composé de dizaines et d'unités, ce qui est toujours permis, on voit que le carré de ce nombre se composera du carré des dizaines, du double produit des dizaines par les unités et du carré des unités. Nous pouvons aussi remarquer dès à présent que la première partie, ou le carré des dizaines, ne peut donner des unités inférieures à des centaines, car le carré d'une dizaine ou de 10 est égal à 100. De même, le double produit des dizaines par les unités ne peut donner que des dizaines.

157. *Extraction de la racine d'un nombre de moins de 5 chiffres et de plus de 2 chiffres.* — Soit maintenant proposé d'extraire la racine carrée du nombre 3279, plus grand que 100. Comme il peut se faire que ce nombre ne soit pas un carré parfait, c'est donc la racine du plus grand carré renfermé dans ce nombre que nous nous proposons de trouver. Nous dirons pour cela : ce nombre étant plus grand que 100, sa racine sera plus grande que 10 ; donc elle sera composée de dizaines et d'unités ; et comme, en élevant cette racine au carré, elle devra reproduire le nombre proposé ou le plus grand carré renfermé dans ce nombre, il s'ensuit que le nombre proposé se compose lui-même, d'après le paragraphe précédent, du carré des dizaines de la racine, du double produit des dizaines par les unités, et du carré des unités, plus enfin d'un certain reste, si le nombre proposé n'est pas un carré parfait. Le carré des dizaines devant donner des centaines, c'est donc dans les centaines du nombre 3279 qu'il faut chercher le carré des dizaines, ce qui nous conduit à séparer la partie 79 de 32. Si 32 était exactement le carré des dizaines, en en extrayant la racine on aurait le chiffre des dizaines de la racine. Mais le double produit des dizaines par les unités est aussi susceptible de donner des centaines, qui nécessairement seraient alors renfermées dans le nombre 32. Toutefois, nous allons démontrer que la racine du plus grand carré renfermé dans 32 est exactement le chiffre des dizaines de la racine. Ce plus grand carré est 25, dont la racine est 5. Le chiffre 5 ne sera pas trop petit, car en l'augmentant seulement d'une unité, le carré de 6 centaines serait plus grand que 32 d'au moins une centaine, et par suite, serait plus grand que le nombre proposé qui ne surpasse 32 centaines que de 79 unités.

Le chiffre 5 ne sera pas non plus trop grand, car si on diminuait seulement d'une unité, quel que fût le chiffre suivant, la racine pourrait être au plus 49 ; et alors, comme le carré de 5 est déjà plus petit que le nombre proposé, il s'ensuit qu'on n'aurait pas dans 49 la racine du plus grand carré renfermé dans le nombre proposé.

Donc enfin le nombre 5 ne pouvant être ni trop grand ni trop petit, est le chiffre exact des dizaines de la racine. Ecrivons donc 5 à la racine. L'opération se dispose de la manière suivante :

$$
\begin{array}{c|c}
32,79 & 57 \\
25 & \overline{107} \\ \hline
77.9 & 7 \\
74.9 & \\
30 &
\end{array}
$$

En faisant le carré de 5 dizaines, on obtient 25 centaines, nombre qui représente l'une des trois parties qui composent le nombre proposé. Si nous retranchons ces 25 centaines du nombre proposé, le reste 779 contient encore le double produit des dizaines par les unités, plus un certain reste, si le nombre proposé n'est pas un carré parfait. Or, le double produit des dizaines par les unités donne des dizaines ; ce produit ne peut donc se trouver que dans les dizaines de ce reste, c'est-à-dire dans 77, que nous sommes conduits ainsi à séparer du chiffre 9. Nous ferons ici le raisonnement suivant : si le nombre 77 dizaines était exactement le double produit des dizaines par les unités, on pourrait alors le considérer comme un produit dont le double des dizaines serait un des facteurs, et le chiffre des unités l'autre facteur ; en divisant donc le produit 77 par l'un des facteurs, le double des dizaines qui nous est connu, puisque les dizaines le sont, on aurait pour quotient l'autre facteur ou le chiffre des unités. Mais le carré des unités a pu donner des dizaines qui sont venues s'ajouter au double produit des dizaines dans l'addition de toutes les parties pour former le carré total. Toutefois, nous pouvons considérer 77 comme ce produit du double des dizaines par les unités, et opérer comme nous l'avons dit, sauf à vérifier l'exactitude du chiffre des unités. Or, le double des dizaines est 10, que nous écrirons au-dessous de la racine ; le quotient de 77 par 10 est 7; nous prenons donc 7 pour le chiffre des unités.

Pour nous assurer de la bonté de ce chiffre, comme nous possédons les deux parties de la racine, nous pouvons faire les deux autres parties du carré total qui sont renfermées dans 779, c'est-à-dire le double produit des dizaines par les unités et le carré des unités. Or, en écrivant 7 à côté de 10, qui exprime des dizaines et le double de ces dizaines ; en écrivant aussi 7 au-dessous de 107, en effectuant le produit de 107 par 7, nous obtenons en effet le produit du double des dizaines 10 par les unités 7, et le carré des unités. Retranchant ce produit 749 de 779, nous obtenons un reste 30, ce qui nous indique que le nombre proposé n'est pas un carré parfait, que 57 est la racine carrée du plus grand carré qu'il renferme, que la véritable racine est comprise entre 57 et 58, et qu'elle est par conséquent égale à 57, à moins d'une unité près.

158. *Extraction de la racine d'un nombre de plus de 4 chiffres.* — Si le nombre proposé avait plus de quatre chiffres, comme le nombre 3540689, ce nombre serait alors plus grand que 10000, sa racine serait plus grande que 100 et par conséquent aurait plus de deux chiffres; mais le raisonnement serait absolument le même que le précédent, et l'on serait encore conduit, pour trouver le chiffre des dizaines, à séparer deux chiffres sur la droite et à chercher la racine du plus grand carré renfermé dans la partie à gauche 35406. Mais ici on éprouverait une difficulté, car on ne peut pas extraire la racine carrée de ce nombre comme celle du nombre 32. Mais on ferait ce raisonnement : le nombre 35406 lui-même étant plus grand que 100, sa racine est plus grande que 10, ce qui indique seulement que le nombre des dizaines de la racine du nombre proposé a lui-même plus d'un chiffre. Mais cela ne détruit pas le raisonnement qui fait affirmer que la racine du plus grand carré renfermé dans 35406 représente exactement le nombre des dizaines de la racine. On est donc ainsi conduit à extraire la racine du nombre 35406, ce que l'on fera comme au § 157, en séparant les deux chiffres 06 sur la droite, et cherchant la racine du plus grand carré renfermé dans 354. Une difficulté du même genre que la précédente nous arrêterait, et nous conclurions alors que les dizaines de cette nouvelle racine seraient elles-mêmes composées de plus d'un chiffre, et l'on serait ainsi amené à extraire la racine du nombre 354. On l'obtiendrait en séparant encore les deux chiffres 54, et extrayant la racine de 5 qui est 1. Puis élevant 1 au carré et le retranchant

3,5 4,0 6,8 9.	1881		
2 5.4			
3 0 0.6	28	368	3761
6 2 8.9	8	8	1
2 5 2 8			

immédiatement de 3 sans l'écrire, ce qui est plus simple que dans le cas précédent, le reste 254 est ensuite traité comme dans le paragraphe précédent. On double la racine 1, et après avoir séparé le chiffre 4 du reste, on divise la partie à gauche 25 par le double 2 de la racine. Le quotient 8 est le chiffre des unités de la racine du nombre 354, dont la racine approchée est donc 18, avec un reste 30. On obtient ce reste en faisant le produit de 28 par 8, et le retranchant à mesure qu'on le forme du reste 254. Mais ce nombre 18 n'est que le nombre des dizaines de la racine du plus grand carré renfermé dans 35406. Il nous faut trouver le chiffre des unités. Pour cela, nous remarquerons que le carré de 18 a déjà été retranché de 354 centaines, et que par conséquent le reste 3006 peut être considéré comme renfermant encore le double produit des dizaines par les unités de la racine de 35406, plus le carré des unités. Achevant donc le calcul comme précédemment, on trouve, en séparant le chiffre 6 sur la droite du reste, et en divisant 300 par 36, le double de 18, que le quotient ou le chiffre des unités est 8. Donc 188 est la racine du plus grand carré renfermé dans 35406, avec un reste 62, que l'on obtient en multipliant 368 par 8, et retranchant ce produit à mesure qu'on l'obtient de 3006. Mais 188 n'est que le nombre des dizaines de la racine du nombre proposé. Le reste 6289 étant traité comme les précédents, le quotient 1 de la division de 628 par 376, le double de 188, est le chiffre des unités du quotient. On obtient le reste en multipliant 3761 par 1 et retranchant ce produit de 6289. La racine approchée du nombre proposé est donc 1881 avec un reste 2528.

159. *Trouver le nombre des chiffres de la racine d'un nombre donné. Règle générale pour extraire la racine carrée d'un nombre quelconque. Pourquoi on ne peut commencer l'opération par la droite.* — En examinant la marche de l'opération du paragraphe précédent, il est facile d'en déduire le moyen de déterminer le nombre de chiffres que devra avoir la racine d'un nombre donné. En effet, en séparant deux chiffres sur la droite, on est conduit à affirmer déjà que la racine a au moins deux chiffres. Si la partie à gauche a plus de deux chiffres, on est encore conduit, en en séparant deux sur la droite, à conclure que cette partie a elle-même au moins deux chiffres à sa racine, ce qui fait trois à la racine du nombre proposé. Continuant ainsi à séparer le nombre en tranches de deux chiffres à partir de la droite, on voit que chaque tranche doit donner un chiffre à la racine, et il n'est pas nécessaire que la première tranche à gauche ait deux chiffres. On en conclut cette règle :

Pour trouver le nombre des chiffres de la racine carrée d'un nombre, il faut partager ce nombre en tranches de deux chiffres à partir de la droite, sauf à ne laisser qu'un seul chiffre dans la dernière tranche à gauche. Le nombre des chiffres de la racine est égal au nombre des tranches.

Il est également facile de conclure du paragraphe précédent la règle générale suivante :

Pour extraire la racine carrée d'un nombre entier, il faut séparer ce nombre en tranches de deux chiffres à partir de la droite, sauf à ne laisser qu'un seul chiffre dans la première tranche à gauche. On extrait la racine du plus grand carré renfermé dans cette tranche : c'est le chiffre des plus hautes unités de la racine. On élève ce chiffre au carré, et on le retranche de la première tranche ; à côté du reste, on abaisse la seconde tranche ; on sépare le premier chiffre à droite, et l'on divise la partie à gauche par le double de la racine déjà obtenue. Le quotient est le second chiffre de la racine. On écrit ce second chiffre à côté du double du précédent, et encore au-dessous, puis on fait le produit indiqué, que l'on retranche du reste à mesure qu'on l'obtient. A côté du nouveau reste, on abaisse la tranche suivante, on sépare le premier chiffre à droite, on divise la partie à gauche par le double de la racine déjà obtenue, etc..., et l'on continue de la sorte jusqu'à ce qu'on ait épuisé toutes les tranches.

On ne peut pas commencer l'opération par la droite, parce que le carré des unités, dans l'addition des différents produits qui sont contenus dans le carré de la racine, s'est combiné avec les autres produits, et ne forme généralement qu'une faible partie de la portion du nombre donné qui le contient.

160. *Reconnaître qu'un chiffre de la racine est trop fort, ou qu'il est trop faible. Différence entre les carrés de deux nombres consécutifs.* — Dans le cours d'une extraction de racine carrée, on s'aperçoit aisément qu'un chiffre est trop fort, car dans ce cas le produit du double de la racine obtenue précédemment suivie de ce chiffre, par le chiffre lui-même, ne peut être retranché du dernier reste. Par exemple, dans l'opération du paragraphe précédent, on avait à diviser 25 par 2, le quotient pouvait être 9; mais en écrivant 9, le produit de 29 par 9 n'aurait pu se retrancher de 254. On a donc dû essayer 8, qui a pu convenir.

Pour reconnaître dans quel cas un chiffre est trop faible, nous chercherons d'abord à quoi est égale la différence entre les carrés de deux nombres consécutifs. Soit a un nombre; $a \times 1$ sera le nombre suivant, et si nous les élevons tous deux au carré, nous aurons pour le premier a^2, et pour le second $a^2 + 2a + 1$, § 156. La différence entre ces deux carrés est évidemment égale à $2a + 1$. C'est-à-dire au double du plus petit nombre augmenté d'une unité. Donc, *la différence entre les carrés des deux nombres consécutifs est égale au double du plus petit nombre plus 1.*

Ainsi, la différence entre les carrés de 5 et de 4 est égale à $2 \cdot 4 + 1$ ou 9. En effet, $25 - 16 = 9$.

D'après cela, on peut dire qu'*un des chiffres obtenus à la racine est trop petit d'au moins une unité, lorsque le reste que l'on a obtenu est plus grand que deux fois la racine obtenue;* car s'il est seulement égal à deux fois cette racine plus 1, on pourra augmenter d'une unité le dernier chiffre de la racine, et le reste sera 0. Si donc le reste surpasse le double de la racine plus 1, non-seulement on pourra augmenter le dernier chiffre d'au moins une unité, mais encore il pourra se former un reste. Ainsi, dans l'exemple précédent, si, au lieu d'écrire le premier chiffre 8 à la racine, on eût écrit 7, le reste eût été 65, nombre plus grand que deux fois 17.

161. *Extraction de la racine carrée d'un nombre décimal. Degré d'approximation obtenu.* — Soit proposé d'extraire la racine carrée du nombre décimal 384,056. Nous remarquerons d'abord que si l'on rend un nombre dix fois plus grand, nous rendons son carré cent fois plus grand ; ou que, en général, si l'on multiplie un nombre par l'unité suivie d'un certain nombre de zéros, son carré est multiplié par le carré de cette unité suivie du même nombre de zéros, ou bien par l'unité suivie d'un nombre double de zéros. Cela découle évidemment de ce que les deux facteurs du carré sont multipliés tous les deux à la fois par un même nombre ; donc le produit doit être multiplié par le carré de ce même nombre. La réciproque a également lieu, c'est-à-dire que si l'on multiplie un nombre par 10, 100, 1000... on multiplie la racine carrée de ce nombre ou par la racine de 10, ou par la racine de 100, ou par la racine de 1000, ou...

Revenons maintenant au nombre proposé. Si nous faisons abstraction de la virgule dans ce nombre, nous le rendrons mille fois plus grand ; donc sa racine sera rendue un nombre de fois plus grande marqué par la racine de 1000. Lorsque nous aurions obtenu la racine de 384056, il faudrait donc, pour rendre à la racine sa valeur, la diviser par la racine de 1000, et comme cette racine n'est pas exacte, on ne pourrait donc rendre à la racine sa véritable valeur. Mais si nous rendons pair le nombre des chiffres décimaux en plaçant un zéro sur la droite, et si nous faisons abstraction de la virgule dans le nombre 384,0560 ainsi préparé, nous aurons rendu ce nombre dix mille fois plus grand, et par conséquent sa racine cent fois plus grande. Donc, pour lui rendre sa valeur, il suffira de diviser par 100 la racine du nombre 3840560.

On voit donc que l'on ne pourra rendre à la racine sa véritable valeur par un simple déplacement de la virgule, qu'autant que le nombre des chiffres décimaux sera pair, car alors, en faisant abstraction de la virgule, on multipliera le nombre proposé par 100, 10000, 1000000,..... et par conséquent la racine sera multipliée par les racines de ces nombres qui sont 10, 100, 1000.....

Donc, pour extraire la racine carrée d'un nombre décimal, il faut rendre pair le nombre des chiffres décimaux, faire abstraction de la virgule, extraire la racine du nombre résultant à moins d'une unité, et séparer sur la droite de cette racine un nombre de décimales moitié de celui du nombre préparé.

Ainsi, extrayant la racine de 3840560, on trouve 1959 à moins d'une unité. Donc, puisque le nombre a été multiplié par 10000, sa racine a été multipliée par 100, et pour lui rendre sa valeur il faut la diviser par 100, ce qui donne 19,59.

La véritable racine étant plus petite que 19,60 et plus grande que 19,59, on voit que l'un de ces deux nombres est l'expression de la racine véritable, *à moins de 0,01 près.*

Donc, lorsqu'on extrait la racine d'un nombre décimal, cette racine est obtenue à moins d'une unité décimale dont l'ordre est égal à la moitié du nombre des décimales du nombre préparé.

162. *Extraction de la racine carrée d'un nombre entier ou décimal à une unité décimale près d'un ordre déterminé.* — On conclut aisément de là une règle pour extraire la racine carrée d'un nombre entier ou décimal, à une unité décimale près d'un ordre déterminé. En effet, soit proposé d'extraire la racine de 34 à moins de 0,01. Si nous multiplions ce nombre par 10000, nous aurons 340000, et la racine de ce nombre sera celle de 34 multipliée par 100,

Donc, pour avoir celle de 34, il suffira de diviser par 100 la racine de 340000 obtenue à moins d'une unité, ce qui placera le premier chiffre à droite au rang des centièmes. Alors la véritable racine sera comprise entre deux nombres consécutifs de centièmes. Donc l'un de ces deux nombres sera la racine à moins de 0,01.

Ainsi la racine de 340000 à moins d'une unité est 583. Donc la racine de 34 est 5,83. Alors la véritable racine étant comprise entre 5,83 et 5,84, l'un de ces deux nombres est donc la racine de 34 à moins de 0,01.

Donc, pour extraire la racine carrée d'un nombre entier à une unité décimale près d'un ordre déterminé, il faut multiplier ce nombre par l'unité suivie de deux fois autant de zéros qu'on veut avoir de décimales, extraire la racine du produit à moins d'une unité, et séparer sur la droite de cette racine autant de décimales qu'on s'est proposé d'en obtenir.

Lorsque le nombre est décimal, il suffit de rendre le nombre des chiffres décimaux double de celui qu'on veut avoir à la racine, faire abstraction de la virgule, extraire la racine carrée du résultat, et séparer sur la droite de cette racine autant de décimales qu'on s'est proposé d'en obtenir.

Ainsi, la racine de 0,053 à moins de 0,001 est égale à 0,242.

163. *Examiner dans quel cas il faut augmenter d'une unité le dernier chiffre à droite d'une racine carrée.* — De même que nous avons examiné, § 67, dans quel cas on devait augmenter le dernier chiffre à droite d'un quotient, et dans quel cas on ne devait pas changer sa valeur, nous avons aussi à poser cette même question pour la racine carrée : Quand faudra-t-il augmenter d'une unité le dernier chiffre à droite d'une racine ? Pour répondre à cette question, il suffit de déterminer la grandeur du reste pour que le chiffre suivant de la racine soit un 5. Supposons donc qu'on augmente d'une demi-unité la racine obtenue que nous appelons a, le carré de la nouvelle racine sera

celui de $\left(a + \frac{1}{2}\right)$ ou égal à $a^2 + a + \frac{1}{4}$, c'est-à-dire qu'il surpassera le carré a de $a + \frac{1}{2}$. Si donc le dernier reste surpasse la racine obtenue seulement d'une unité, on voit que le chiffre suivant de la racine serait au moins un 5 ; si donc on voulait le supprimer, il faudrait, § 67, augmenter d'une unité le dernier chiffre à droite de la racine.

Donc, *quand le dernier reste, dans une extraction de racine carrée, est plus grand que la racine obtenue, il faut augmenter d'une unité le dernier chiffre à droite.*

164. *La racine carrée d'un nombre qui n'est pas un carré parfait ne peut être exprimée par un nombre décimal périodique.* — Lorsqu'on cherche la racine carrée d'un nombre quelconque par approximation, on ne saurait parvenir à un résultat exact, comme nous l'avons déjà dit, § 154, mais il ne saurait être non plus périodique, car cela supposerait que la racine du nombre proposé est susceptible d'être exprimée par une fraction, puisqu'une fraction périodique, quoique infinie, peut être représentée exactement par une fraction générale. C'est ce dont nous avons prouvé l'impossibilité, § 154.

165. *Carré et extraction de la racine carrée des fractions. Degré d'approximation obtenu.* — Soit proposé d'élever la fraction $\frac{3}{7}$ au carré. Ce carré s'indique ainsi : $\left(\frac{3}{7}\right)^2$. On aura

$$\left(\frac{3}{7}\right)^2 = \frac{3}{7} \times \frac{3}{7} = \frac{3 \times 3}{7 \times 7} = \frac{3^2}{7^2}.$$

Donc, *le carré d'une fraction est égal au carré de son numérateur divisé par le carré de son dénominateur.*

Il en résulte que si l'on veut extraire la racine d'une fraction, les deux termes de cette fraction étant les carrés de ceux de la racine, il faudra nécessairement, pour trouver les 2 termes de cette dernière, extraire les racines carrées des 2 termes de la fraction donnée ; donc, réciproquement, la *racine carrée d'une fraction est égale à la racine carrée de son numérateur divisée par celle de son dénominateur.*

Ainsi la racine carrée de $\frac{25}{49}$ est égale à $\frac{5}{7}$.

Nous venons d'examiner le cas où les deux termes de la fraction donnée étaient des carrés parfaits. Il se pourrait que l'un seulement d'eux fût un carré parfait ou qu'aucun d'eux ne fût un carré parfait. Nous allons examiner successivement ces deux cas.

Prenons d'abord la fraction $\frac{8}{25}$ dont le dénominateur seul est un carré parfait. Nous ne pourrons ici extraire la racine carrée du numérateur exactement, mais en l'extrayant à moins d'une unité, on aura 2, et la racine de la fraction sera $\frac{2}{5}$. Cette racine n'est pas exacte, mais la racine de 8 étant comprise entre **2** et **3**, celle de la fraction $\frac{8}{25}$ sera comprise entre $\frac{2}{5}$ et $\frac{3}{5}$, c'est-à-dire qu'en prenant $\frac{2}{5}$ pour valeur de cette racine, nous commettrons une erreur moindre que $\frac{1}{5}$.

Donc, *pour extraire la racine d'une fraction dont le dénominateur seul est un carré parfait, il faut extraire la racine du numérateur à moins d'une unité, celle du dénominateur exactement, et diviser ces deux racines l'une par l'autre.*

La racine de la fraction est obtenue à moins de l'unité divisée par la racine carrée du dénominateur.

On pourrait encore agir ainsi lorsque le numérateur seul est un carré parfait, mais on ne pourrait, dans ce cas, se faire une idée aussi nette de l'approximation obtenue. Soit, en effet, la fraction $\frac{25}{40}$, dont la racine serait comprise entre $\frac{5}{6}$ et $\frac{5}{7}$. La différence entre ces deux fractions est $\frac{5}{42}$. En prenant $\frac{5}{6}$ ou $\frac{5}{7}$ on commettrait une erreur moindre que $\frac{5}{42}$. Nous réunirons donc ce cas à celui où les deux termes ne sont pas des carrés parfaits.

Soit la fraction $\frac{3}{7}$. La règle prescrit d'extraire la racine de 3 et celle de 7, et de les diviser l'une par l'autre. Mais, comme ces deux racines sont incommensurables, on a l'inconvénient, en appliquant la règle telle qu'elle a été posée, de n'avoir la racine qu'avec une faible approximation, et de juger difficilement le degré de cette approximation.

En outre, il faut extraire deux racines carrées. On évite ce dernier inconvénient, en rendant le dénominateur carré parfait, ce qui est facile en multipliant les deux termes de la fraction par ce dénominateur. On a donc $\dfrac{3 \times 7}{7 \times 7}$ ou $\dfrac{21}{49}$, dont la racine est $\frac{4}{7}$, ou plutôt est comprise entre $\frac{4}{7}$ et $\frac{5}{7}$. De sorte que la racine de $\frac{3}{7}$ est égale à l'un des deux nombres $\frac{4}{7}$ ou $\frac{5}{7}$ à une erreur près moindre que $\frac{1}{7}$.

D'où il suit que, *pour extraire la racine carrée d'une fraction dont le dénominateur n'est pas un carré parfait, il faut multiplier les deux termes de la fraction par le dénominateur, extraire la racine du numérateur à moins d'une unité, celle du dénominateur exactement, et diviser ces deux racines l'une par l'autre.*

La racine de la fraction est obtenue à moins de l'unité divisée par son dénominateur.

On peut quelquefois simplifier l'opération : c'est lorsque le dénominateur contient des facteurs qui sont des carrés parfaits. Soit la fraction $\frac{19}{72}$, dont le dénominateur décomposé en facteurs premiers, § 85, est égal à $2^2 . 2 . 3^2$. Si nous remarquons que pour élever un produit comme $2 . 3 . 5$ au carré, il faut élever chacun des facteurs au carré, car $(2 . 3 .)^2 = 2 . 3 . 5 . 2 . 3 . 5$ ou $= 2 . 2 . 3 . 3 . 5 . 5.$ $= 2^2 . 3^2 . 5^2$: donc, réciproquement, pour extraire la racine d'un produit, il faut extraire celle de chacun des facteurs et les multiplier entre elles. Cela posé, pour que 72 soit un carré, il suffit donc de rendre carrés tous les facteurs qui ne le sont pas. Il n'y a que le facteur **2**. En multipliant donc par **2** les deux termes de la fraction, nous l'aurons préparée à recevoir l'application de la règle précédente. Elle devient $\frac{38}{144}$ dont la racine est $\frac{6}{12}$ ou $\frac{1}{2}$ à moins de $\frac{1}{12}$.

Donc, *quand le dénominateur d'une fraction contient des facteurs carrés parfaits, il suffit, pour rendre le dénominateur carré, de multiplier les deux termes de la fraction par les facteurs du dénominateur qui ne sont pas carrés.*

166. *Extraction de la racine carrée d'un nombre entier,* *décimal ou fractionnaire, à une fraction quelconque près.* — Nous avons donné, § 162, la règle pour obtenir la racine d'un nombre entier ou décimal à une unité décimale près d'un ordre déterminé.

On peut se proposer également de trouver la racine d'un nombre quelconque, entier, décimal, ou fractionnaire, à une approximation marquée par une fraction quelconque dont le numérateur soit l'unité. Nous venons de voir que lorsque l'on extrait la racine carrée d'une fraction dont le dénominateur est un carré, on obtient la racine à moins de l'unité divisée par la racine de ce dénominateur. Donc, pour avoir la racine d'un nombre à moins de $\frac{1}{8}$, par exemple, il suffit de transformer ce nombre en un nombre équivalent dont le dénominateur sera 8 au carré, ce qui est facile en multipliant et divisant ce nombre par le carré de 8, et d'extraire la racine du résultat. Ce procédé est évidemment applicable à un entier, à un nombre décimal et à une fraction. D'après cela, la racine de 35 à moins de $\frac{1}{8}$ sera celle de $\dfrac{35 \cdot 64}{64}$, ou celle de $\dfrac{2240}{64}$. Cette dernière est comprise entre $\frac{47}{8}$ et $\frac{47}{88}$. Donc $\frac{47}{8}$ est la racine de 35 à moins de $\frac{1}{8}$ près.

La racine de 54,28 à moins de $\frac{1}{35}$ sera celle de $\dfrac{54,28 \times 35^2}{35^2}$ ou celle de $\dfrac{66480,75}{35^2}$. La racine de 66480,75 devra être prise à moins d'une unité. Elle est 257. Donc, la racine demandée est $\frac{257}{35}$ à moins de $\frac{1}{35}$ près, car elle est comprise entre $\frac{267}{135}$ et $\frac{258}{35}$.

La racine de $\frac{3}{5}$ à moins de $\frac{1}{12}$ sera celle de $\dfrac{\left(\frac{3}{5}\right)}{12^2} 12^2$, ou celle de $\dfrac{\dfrac{432}{5}}{12^2}$. Or $\dfrac{432}{5} = 86$, à moins d'une unité. Donc la racine sera celle de $\dfrac{86}{12^2}$, ou elle sera comprise entre $\frac{9}{12}$ et $\frac{10}{12}$. Elle est donc $\frac{9}{12}$ à moins de $\frac{1}{12}$ près.

Donc, *pour extraire la racine carrée d'un nombre quel-conque à une fraction près* $\frac{1}{n}$, *il faut multiplier ce nombre par le carré de* n, *extraire la racine du nombre entier ren-fermé dans ce produit, et diviser cette racine par* n.

Si l'on demandait la racine d'un nombre à moins de $\frac{2}{5}$ on commencerait par ramener $\frac{2}{5}$ à avoir pour numérateur l'unité, ce qui donnerait $\frac{1}{\left(\frac{5}{3}\right)}$, et l'on achèverait l'opéra-tion comme précédemment. Mais remarquons que si une racine est obtenue à moins de $\frac{1}{3}$, à plus forte raison l'erreur est-elle moindre que $\frac{3}{5}$.

167. *Extraction de la racine des fractions avec une ap-proximation en décimales. Remarque.* — Nous pouvons main-tenant aussi étendre aux fractions le procédé du § 162, pour l'approximation en décimales. En effet, soit la frac-tion $\frac{5}{7}$ dont on demande la racine à moins de 0,01. Nous réduirons $\frac{5}{7}$ en décimales et nous pousserons l'opération jusqu'à ce que nous obtenions quatre chiffres décimaux, ce qui donne 0,7143. La racine de ce nombre est 0,84. Ce nombre est la racine de $\frac{5}{7}$ à moins de 0,01, car la racine est comprise entre 0,84 et 0,85.

Donc, *pour extraire la racine d'une fraction à une unité décimale près d'un ordre déterminé, il faut réduire la fraction en décimales et prendre un nombre de décimales double de celui qu'on veut avoir à la racine, et chercher la racine de ce nombre décimal comme il est dit* § 161.

Remarquons enfin qu'il est préférable de chercher les racines des nombres par approximation en décimales, par la raison déjà déduite plus haut, que si l'on peut avoir avec facilité une racine avec une erreur plus petite que 0,01, par exemple, il sera inutile de la chercher avec une erreur plus petite qu'une autre fraction plus grande que 0,01 comme $\frac{1}{15}$ par exemple.

RACINE CUBIQUE.

168. *Définir le cube et la racine cubique d'un nombre.* — On donne plus particulièrement le nom de *cube* à la troisième puissance d'un nombre, et le nom de *racine cubique* à la racine troisième de ce nombre.

On appelle donc *cube d'un nombre* le produit de trois facteurs égaux à ce nombre, et *racine cubique* d'un nombre le nombre qui, pris trois fois comme facteur, reproduit le nombre proposé. Ainsi, 27 est le cube de 3 ; 4 est la racine cubique de 64. Le cube d'un nombre entier, décimal ou fractionnaire, pourra toujours s'obtenir, puisque nous savons multiplier entre eux des nombres quelconques. Il n'en sera pas de même si nous voulons trouver la racine cubique d'un nombre ; et ce qui va suivre a pour objet de découvrir cette racine, quand on connaît le nombre proposé.

169. *Racine cubique d'un nombre à moins d'une unité près. Plus grand cube renfermé dans un nombre.* — Le cube du plus petit nombre de deux chiffres 10 étant égal au plus petit nombre de quatre chiffres 1000, un nombre de moins de quatre chiffres n'aura alors qu'un seul chiffre à sa racine cubique, et il ne peut y avoir de règle à prescrire pour extraire la racine cubique d'un nombre moindre que 1000. Il suffit, pour effectuer ces opérations, de connaître les cubes des neuf premiers nombres.

Les cubes de 1, 2, 3, 4, 5, 6, 7, 8, 9,
          sont 1, 8, 27, 64, 125, 216, 343, 512, 729 ;
et réciproquement, les racines cubiques des nombres, 1, 8, 27, 64... sont respectivement 1, 2, 3, 4...

Il suit de là que la racine cubique d'un nombre comme 258 compris entre les deux cubes 216 et 343, ne peut être exprimée par un nombre entier, car cette racine est comprise entre les racines 6 et 7 de 216 et 343. Et comme, en prenant 6 ou 7 pour la valeur de la racine, on commet une erreur moindre qu'une unité, la racine de 258 est donc 6 *à moins d'une unité près.*

6 est aussi appelé la *valeur entière approchée* de la racine de 258, ou la *partie entière* de cette racine. 216 est le plus grand cube renfermé dans 258.

Le plus grand cube renfermé dans un nombre donné est donc le plus petit des cubes des deux nombres consécutifs entre lesquels le nombre donné est compris. Le plus grand cube renfermé dans 600 est donc 512, qui est le plus petit des cubes 512 et 729 des deux nombres consécutifs 8 et 9.

170. *Lorsque la racine cubique d'un nombre n'est pas exprimée par un nombre entier, elle ne peut l'être par une fraction. Elle est donc incommensurable.* — La démonstration serait exactement la même que celle du § 154. Car,

si cette racine pouvait être exprimée par la fraction $\dfrac{a}{b}$, le cube de cette fraction devrait être égal au nombre proposé. Or, $\dfrac{a}{b}$ étant une fraction irréductible, $\dfrac{a^3}{b^3}$ est également une fraction irréductible ; donc ce dernier nombre ne saurait être un nombre entier. Donc enfin, la racine d'un nombre qui n'est pas un cube parfait, est incommensurable.

171. *Composition du cube d'un nombre de deux chiffres.* — Lorsqu'un nombre est composé de deux parties a et b, nous avons vu, en algèbre, que son cube était égal à $a^3 + 3 a^2 b + 3 ab^2 + b^3$, c'est-à-dire au cube de la première partie, plus trois fois le carré de la première partie multiplié par la seconde, plus trois fois le produit de la première par le carré de la seconde, plus le cube de la seconde.

Si donc nous considérons un nombre quelconque comme composé de dizaines et d'unités, ce qui est toujours permis, on voit que le cube de ce nombre se composera du cube des dizaines, du triple produit du carré des dizaines par les unités, du triple produit des dizaines par le carré des unités, et du cube des unités. Nous pouvons aussi remarquer que la première partie, le cube des dizaines, ne peut donner des unités inférieures à des mille, car le cube de 10 est égal à 1000. De même, le triple carré des dizaines par les unités ne peut donner que des centaines.

172. *Extraction de la racine d'un nombre de moins de sept chiffres et de plus de quatre chiffres.* — Soit maintenant proposé d'extraire la racine cubique du nombre 308549 plus grand que 1000. Comme il peut se faire que ce nombre ne soit pas un cube parfait, c'est donc la racine du plus grand cube renfermé dans ce nombre que nous nous proposons de trouver. Nous dirons pour cela : ce nombre étant plus grand que 1000, sa racine sera plus grande que 10 ; donc, elle sera composée de dizaines et d'unités ; et comme en élevant cette racine au cube, elle devra reproduire le nombre proposé ou le plus grand cube renfermé dans ce nombre, il s'ensuit que le nombre proposé se compose lui-même, d'après le paragraphe précédent, du cube des dizaines de la racine, du triple produit du carré des dizaines par les unités, du triple produit des dizaines par le carré des unités, et du cube des unités, plus enfin, d'un certain reste, si le nombre proposé n'est pas un cube parfait. Le cube des dizaines devant donner des mille, c'est donc dans les mille du nombre 308549 qu'il faut chercher le cube des dizaines, ce qui nous conduit à séparer la partie 549 de 308. Si 308 était exactement le cube des dizaines, en en extrayant la racine on aurait le chiffre des dizaines de la racine. Mais les autres parties du cube sont aussi susceptibles de donner des mille, qui nécessairement seraient alors renfermés dans le nombre 308. Toutefois, nous allons démontrer que la racine du plus grand cube renfermé dans 308 est exactement le chiffre des dizaines de la racine. Ce plus grand cube est 216, dont la racine est 6. Le chiffre 6 ne sera pas trop petit,

car en l'augmentant seulement d'une unité, le cube de 7 dizaines serait plus grand que 308 et au moins d'un mille, et par suite serait plus grand que le nombre proposé qui ne surpasse 308 mille que de 549 unités.

Le chiffre 6 ne sera pas non plus trop grand, car si on le diminuait seulement d'une unité, quel que fût le chiffre suivant, la racine pouvait être au plus 59; et alors, comme le cube de 60 est déjà plus petit que le nombre proposé, il s'ensuit qu'on n'aurait pas dans 59 la racine du plus grand cube renfermé dans le nombre proposé.

Donc enfin le nombre 6, ne pouvant être ni trop grand ni trop petit, est le chiffre exact des dizaines de la racine. L'opération se dispose de la manière suivante :

$$
\begin{array}{c|c}
308,5\ 49 & 67 \\
216 & \overline{108} \\
\hline
92\ 5,49 & \\
308\ 5\ 49 & \\
300\ 7\ 63 & \\
\hline
7\ 7\ 86 &
\end{array}
$$

En faisant le cube de 6 dizaines, on obtient 216 mille, nombre qui représente l'une des quatre parties qui composent le nombre proposé. Si nous retranchons ces 216 mille du nombre proposé, le reste 92549 contient encore les trois autres parties du cube total, plus un certain reste, si le nombre proposé n'est pas un cube parfait. Or, le triple produit du carré des dizaines par les unités donne des centaines; ce produit ne peut donc se trouver que dans les centaines de ce reste, c'est-à-dire dans 925, que nous sommes conduits ainsi à séparer de la partie 49. Nous ferons ici le raisonnement suivant : Si le nombre 925 centaines était exactement le triple produit du carré des dizaines par les unités, on pourrait alors le considérer comme un produit dont trois fois le carré des dizaines serait un des facteurs, et le chiffre des unités l'autre facteur. En divisant donc ce produit 925 par l'un des facteurs, le triple du carré des dizaines, qui nous est connu, puisque nous connaissons les dizaines, on aurait pour quotient l'autre facteur ou le chiffre des unités. Mais, les deux dernières parties du cube ont pu donner des centaines, qui sont venues s'ajouter au triple carré des dizaines par les unités, dans l'addition de toutes les parties pour former le cube total. Toutefois, nous pouvons considérer 925 comme étant le produit de trois fois le carré des dizaines par les unités, et opérer comme nous l'avons dit, sauf à vérifier l'exactitude du chiffre des unités. Or, trois fois le carré de 6 donne 108, que nous écrivons au-dessous de la racine ; le quotient de 925 par 108 donne 7, nous prenons donc 7 pour le chiffre des unités.

Ici cesse un peu la similitude des opérations qu'on a pu voir exister entre la racine carrée et la racine cubique. Pour s'assurer de la bonté du chiffre 7, on pourrait opérer comme pour la racine carrée, et comme nous possédons les deux parties de la racine, faire les trois autres parties du cube total qui sont renfermées dans 92549. Mais il serait fort long de faire le triple produit du carré des dizaines par les unités, le triple produit des dizaines par le carré des unités, le cube des unités et d'ajouter toutes ces quantités. On préfère élever la racine elle-même au cube, et la retrancher du nombre proposé. Cette racine élevée au cube donne 300763. Retranchant ce nombre du nombre donné, il reste 7786. Ce qui nous indique que le nombre proposé n'est pas un cube parfait, que 67 est la racine du plus grand cube renfermé dans ce nombre, que la véritable racine est comprise entre 67 et 68, et qu'elle est par conséquent égale à 67 à moins d'une unité près.

173. *Extraction de la racine d'un nombre de plus de six chiffres.* — Si le nombre proposé avait plus de six chiffres, comme le serait le nombre 38049575, ce nombre serait alors plus grand que 1000000, sa racine cubique serait plus grande que 100, par conséquent aurait plus de deux chiffres ; mais le raisonnement serait absolument le même que le précédent, et l'on serait encore conduit, pour trou-

ver le chiffre des dizaines, à séparer trois chiffres sur la
droite, et à chercher la racine du plus grand cube renfermé dans la partie à gauche 38049. Mais ici on éprouverait une difficulté, car on ne peut pas extraire la racine de
ce nombre comme celle d'un nombre compris entre 1 et
1000. On ferait alors ce raisonnement : le nombre 38049
lui-même étant plus grand que 1000, sa racine est plus
grande que 10, ce qui indique seulement que le nombre
des dizaines de la racine du nombre proposé a lui-même
plus d'un chiffre. Mais cela ne détruit pas le raisonnement
qui fait affirmer que la racine du plus grand cube renfermé dans 38049 représente exactement le nombre des
dizaines de la racine. On est donc ainsi conduit à extraire
la racine du nombre 38049, ce que l'on fera comme au
§ 172, en séparant les trois chiffres 049 sur la droite, cherchant la racine du plus grand cube renfermé dans 38. Ce
plus grand cube est 27 dont la racine est 3.

```
38,0 49,5 78 | 336              33              336
27           |                  33              336
———————————  | 27 | 3267       ———             ———
11 0.49      |                  99              2016
38 0.49      |                  99              1008
35 9 37      |                  ————            1008
—————————    |                  1089            ——————
 2 1 12 5.78 |                  33              112896
38 8 49 5.78 |                  ————             363
37 9 33 0.56 |                  3267            ——————
—————————    |                  3267            677376
 1 16 5 22   |                  —————           33688
             |                  35937           338788
             |                                  ————————
             |                                  37933056
```

Élevant le chiffre 3 au cube et le retranchant de 38, le
reste 11049 est ensuite traité comme dans le paragraphe
précédent. On fait le triple carré 27 de la racine 3, et
après avoir séparé le nombre 49 sur la droite du reste, on
divise la partie à gauche 110 par le triple carré 27 de la
racine 3. Le quotient 3 est le chiffre des unités de la racine du nombre 38049, dont la racine approchée est donc
33. Pour essayer le chiffre 3, nous élevons 33 au cube, ce

qui donne 35937, et nous retranchons ce nombre de 38049, ce qui donne le reste 2112 mille, et par conséquent, le reste total 2112578. Mais 33 n'est que le nombre des dizaines de la racine du plus grand cube renfermé dans 38049. Il nous faut trouver le chiffre des unités. Pour cela, nous remarquerons que le cube de 33 a déjà été retranché de 38049 mille, et par conséquent le reste 2112578 peut être considéré comme renfermant encore les trois autres parties dont 38049578 se compose avec le cube de 33. Séparant donc deux chiffres sur la droite du reste, et achevant le calcul comme précédemment, c'est-à-dire triplant le carré de 33, et divisant 21125 par ce triple carré 3267, le quotient 6 est le chiffre des unités de la racine cherchée. Pour essayer ce chiffre et obtenir le reste, il faut élever 336 au cube, ce qui donne 37933056, et retrancher ce nombre du nombre donné. On a ainsi pour reste 116522. La racine approchée du nombre proposé est donc égale à 336.

174. *Trouver le nombre des chiffres de la racine cubique d'un nombre donné. Règle générale pour extraire la racine cubique d'un nombre quelconque.* — En examinant la marche de l'opération dans le paragraphe précédent, il est facile d'en déduire le moyen de déterminer le nombre de chiffres que devra avoir la racine d'un nombre donné. En effet, en séparant trois chiffres sur la droite, on est conduit à affirmer déjà que la racine a au moins deux chiffres. Si la partie à gauche a plus de trois chiffres, on est encore conduit, en en séparant trois sur la droite, à conclure que cette partie a elle-même au moins deux chiffres à sa racine, ce qui fait trois au nombre proposé. Continuant ainsi à séparer le nombre en tranches de trois chiffres à partir de la droite, on voit que chaque tranche doit donner un chiffre à la racine, et il n'est pas nécessaire que la première tranche à gauche ait trois chiffres : elle peut n'en avoir qu'un ou deux. On en conclut cette règle :

Pour trouver le nombre des chiffres de la racine cubique

d'un nombre, il faut partager ce nombre en tranches de trois chiffres à partir de la droite, sauf à ne laisser que deux ou même qu'un seul chiffre dans la dernière tranche à gauche. Le nombre des chiffres est égal au nombre des tranches.

Il est également facile de conclure du paragraphe précédent la règle générale suivante :

Pour extraire la racine cubique d'un nombre entier, il faut séparer ce nombre en tranches de trois chiffres à partir de la droite, sauf à ne laisser que deux ou même qu'un seul chiffre dans la première tranche à gauche. On extrait la racine approchée de cette tranche, c'est le chiffre des plus hautes unités de la racine. On élève ce chiffre au cube et on le retranche de la première tranche. A côté du reste, on abaisse la seconde tranche ; on sépare les deux premiers chiffres à droite, et l'on divise la partie à gauche par trois fois le carré de la racine déjà obtenue. Le quotient est le second chiffre de la racine. On élève l'ensemble des deux premiers chiffres de la racine au cube, et on le retranche de l'ensemble des deux premières tranches. A côté du reste on abaisse la troisième tranche, on sépare les deux premiers chiffres à droite, on divise la partie à gauche par trois fois le carré de la racine obtenue, etc., et l'on continue de la sorte jusqu'à ce qu'on ait épuisé toutes les tranches.

On ne peut commencer l'opération par la droite pour la même raison déduite § 159.

175. *Reconnaître qu'un chiffre de la racine est trop fort, ou qu'il est trop faible. Différence entre les cubes de deux nombres consécutifs.* — Dans le cours d'une extraction de racine cubique, on s'aperçoit aisément qu'un chiffre est trop fort, car dans ce cas, le cube de racine obtenue ne peut se soustraire de l'ensemble des deux ou trois..... premières tranches dont il doit être retranché. Par exemple, dans l'opération du paragraphe précédent, on avait à diviser 110 par 27, et le quotient eût pu être 4, car 4 fois 27 font 108. Mais le cube de 54 est 39304, nombre plus

grand que 38049 dont il doit être retranché. Donc le chiffre 4 est trop fort, et l'on a pris 3 qui a pu convenir.

Pour reconnaître dans quel cas un chiffre est trop faible, nous chercherons d'abord à quoi est égale la différence entre les cubes de deux nombres consécutifs. Soit a un nombre ; $a + 1$ sera le nombre suivant, et si nous les élevons tous deux au cube, nous aurons pour le premier a^3, et pour le second $(a+1)^3 = a^3 + 3 a^2 + 3 a + 1$, § 171. La différence entre ces deux cubes est évidemment égale à $3 a^2 + 3 a + 1$, c'est-à-dire à trois fois le carré du plus petit nombre, plus trois fois ce plus petit, plus un. Donc, *la différence entre les cubes de deux nombres consécutifs est égale à trois fois le carré du plus petit nombre, plus trois fois ce plus petit, plus un.*

Ainsi, la différence entre les cubes de 5 et de 4 est égale à $3 . 4^2 + 3 . 4 + 1$, ou $48 + 12 + 1$, ou 61. En effet, $125 - 64 = 61$.

D'après cela, on peut dire qu'*un des chiffres obtenus à la racine est trop petit d'au moins une unité, lorsque le reste que l'on a obtenu est plus grand que trois fois le carré de la racine obtenue, plus trois fois cette racine ;* car si elle est seulement égale à cette somme plus un, on pourra augmenter d'une unité le dernier chiffre de la racine, et le reste sera zéro. Si donc le reste surpasse trois fois le carré de la racine, plus trois fois la racine, plus un, non-seulement on pourra augmenter le dernier chiffre d'au moins une unité, mais encore il pourra se former un reste. Ainsi, dans l'exemple précédent, si, au lieu d'écrire le chiffre 6 à la racine, on eût écrit 5, le reste eût été 454203, nombre plus grand que $3 . 335^2 + 3 . 535 + 1$ qui égale 337681. Le chiffre 6 n'est pas trop faible, car le reste 116522 est plus petit que $3 . 336^2 + 3 . 336 + 1$ qui égale 339697.

176. *Extraction de la racine cubique d'un nombre décimal. Degré d'approximation obtenu.* — Soit proposé d'extraire la racine cubique du nombre décimal 3,0678. On démontrerait d'abord, comme au § 161, que si l'on multiplie un nombre par l'unité suivie d'un certain nombre de zéros, son cube sera multiplié par l'unité suivie d'un nombre triple de zéros, et que réciproquement si l'on multiplie un nombre par 10, 100, 1000..., on multiplie la racine cubique de ce nombre, ou par la racine de 10, ou par la racine de 100, ou par la racine de 1000, ou...

Cela posé, si nous faisons abstraction de la virgule dans le nombre proposé, nous le rendrons 1000 fois plus grand ; donc sa racine sera rendue un nombre de fois plus grande marquée par la racine de 10000. Lorsque nous aurions obtenu la racine de 30678, il faudrait donc, pour rendre à la racine sa valeur, la diviser par la racine de 10000 ; et comme cette racine n'est pas exacte , on ne pourrait donc rendre à la racine sa véritable valeur. Mais si nous rendons le nombre des chiffres décimaux multiple de 3 en plaçant 2 zéros sur la droite, et si nous faisons abstraction de la virgule dans le nombre 3,067800 ainsi préparé, nous aurons rendu ce nombre 1000000 de fois plus grand, et par conséquent sa racine 100 fois plus grande. Donc, pour lui rendre sa valeur, il suffira de diviser par 100 la racine du nombre 3067800.

On voit donc qu'on ne pourra rendre à la racine sa véritable valeur par un simple déplacement de la virgule, qu'autant que le nombre des chiffres décimaux sera un multiple de 3, car alors, en faisant abstraction de la virgule, on multipliera le nombre proposé par 1000, 1000000....., et par conséquent la racine sera multipliée par la racine de ces nombres qui sont 10, 100...

Donc, *pour extraire la racine cubique d'un nombre décimal, il faut rendre multiple de 3 le nombre des chiffres décimaux, faire abstraction de la virgule, extraire la racine du nombre résultant à moins d'une unité, et séparer sur la droite de cette racine un nombre de décimales trois fois plus petit que celui du nombre préparé.*

Ainsi, en extrayant la racine de 3067800, on trouve 145 à moins d'une unité. Donc, puisque le nombre a été multiplié par 1000000, sa racine a été multipliée par 100, ce qui donne 1,45.

La véritable racine étant plus petite que 1,46 et plus grande que 1,45, on voit que l'un de ces deux nombres est l'expression de la racine véritable *à moins de 0,01 près.*

Donc, *lorsqu'on extrait la racine cubique d'un nombre décimal, cette racine est obtenue à moins d'une unité décimale, dont l'ordre est égal au tiers du nombre des décimales du nombre proposé quand on a rendu le nombre de ses chiffres divisible par 3.*

177. *Extraction de la racine cubique d'un nombre entier ou décimal à une unité décimale près d'un ordre déterminé.* — On conclut aisément de là une règle pour extraire la racine cubique d'un nombre entier ou décimal, à une unité décimale près d'un ordre déterminé. En effet, soit proposé d'extraire la racine de 34 à moins de 0,01. Si nous multiplions ce nombre par 1000000, nous aurons 34000000, et la racine de ce nombre sera celle de 34 multiplié par 100. Donc, pour avoir celle de 34, il suffira de diviser par 100 la racine de 34000000 obtenue à moins d'une unité, ce qui placera le premier chiffre à droite au rang des centièmes. Alors la véritable racine sera comprise entre deux nombres consécutifs de centièmes. Donc, l'un de ces deux nombres sera la racine à moins de 0,01.

Ainsi, la racine de 34000000 à moins d'une unité est 323.

Donc, la racine de 34 est 3,23. Alors, la véritable racine étant comprise entre 3,23 et 3,24, l'un de ces deux nombres est donc la racine de 34 à moins de 0,01.

Donc, *pour extraire la racine cubique d'un nombre entier à une unité décimale près d'un ordre déterminé, il faut multiplier ce nombre par l'unité suivie de trois fois autant de zéros qu'on peut avoir de décimales, extraire la racine du produit à moins d'une unité, et séparer, sur la droite de cette racine, autant de décimales qu'on s'est proposé d'en obtenir.*

Lorsque le nombre est décimal, il suffit de rendre le nombre des chiffres décimaux triple de celui qu'on veut avoir à la racine, faire abstraction de la virgule, extraire la racine du résultat, et séparer sur la droite de cette racine autant de décimales qu'on s'est proposé d'en obtenir.

Ainsi, la racine de 0,069, à moins de 0,01, est égale à 0,41.

178. *Examiner dans quel cas il faut augmenter d'une unité le dernier chiffre à droite d'une racine cubique.* — Si l'on voulait découvrir, comme on l'a fait, § 163, quelle devrait être la valeur d'un reste, pour que le chiffre suivant fût un 5, et par conséquent pour qu'il fallût augmenter le dernier chiffre d'une unité, on trouverait une expression trop compliquée pour qu'elle pût être employée. Il sera donc préférable de chercher le chiffre suivant de la racine, et s'il est égal à 5, ou plus grand que 5, on augmentera d'une unité le dernier chiffre à droite.

179. *La racine cubique d'un nombre qui n'est pas un cube parfait ne peut être exprimée que par un nombre décimal périodique.*— On le démontrerait comme au § 164.

180. *Cube et extraction de la racine cubique des fractions; approximation obtenue.* — Soit proposé d'élever la fraction $\frac{5}{7}$ au cube. Ce cube s'indique ainsi : $\left(\frac{5}{7}\right)^3$. On aura :

$$\left(\frac{5}{7}\right)^3 = \frac{5}{7} \times \frac{5}{7} \times \frac{5}{7} = \frac{5 \times 5 \times 5}{7 \times 7 \times 7} = \frac{5^3}{7^3}.$$

Donc, *le cube d'une fraction est égal au cube de son numérateur divisé par le cube de son dénominateur.*

Il en résulte que si l'on veut extraire la racine cubique d'une fraction, les deux termes de cette fraction étant les cubes de ceux de la racine, il faudra extraire séparément la racine cubique de chacun des termes. Donc réciproquement, *la racine cubique d'une fraction est égale à la racine cubique de son numérateur, divisée par celle de son dénominateur.*

Ainsi, la racine cubique de $\frac{27}{343}$ est égale à $\frac{3}{7}$.

Nous venons d'examiner le cas où les deux termes de la fraction donnée étaient des cubes parfaits. Il se pourrait que l'un d'eux seulement fût un cube parfait, ou qu'aucun d'eux ne fût un cube parfait. Nous allons examiner successivement ces deux cas.

Prenons d'abord la fraction $\frac{37}{125}$ dont le dénominateur seul est un cube parfait. Nous ne pouvons extraire la racine du numérateur exactement, mais en l'extrayant à moins d'une unité, on aura 3, et la racine de la fraction sera $\frac{3}{5}$. Cette racine n'est pas exacte, mais la racine de 37 étant comprise entre 3 et 4, celle de la fraction $\frac{37}{125}$ sera comprise entre $\frac{3}{5}$ et $\frac{4}{5}$, c'est-à-dire qu'en prenant $\frac{3}{5}$ pour la valeur de cette racine, nous commettrons une erreur moindre que $\frac{1}{5}$.

Donc, *pour extraire la racine cubique d'une fraction dont le dénominateur seul est un cube parfait, il faut extraire la racine du numérateur à moins d'une unité, celle du dénominateur exactement, et diviser ces deux racines l'une par l'autre.*

La racine de la fraction est obtenue à moins de l'unité divisée par la racine cubique du dénominateur.

On ferait voir, comme au § 165, qu'il n'y a pas d'avantage à agir comme précédemment, lorsque le numérateur seul est un cube parfait. Nous réunirons donc ce cas à celui où les deux termes de la fraction ne sont pas des cubes parfaits.

Soit la fraction $\frac{3}{7}$. La règle prescrit d'extraire la racine de 3 et celle de 7, et de les diviser l'une par l'autre. Comme ces deux racines sont incommensurables, on éprouve le même inconvénient qu'au § 165. Mais si l'on rend le dénominateur cube parfait, ce qui est facile en multipliant les deux termes de la fraction par le *carré* de ce dénominateur, on rentrera dans le cas précédent. On aura : $\dfrac{3 \times 7^2}{7 \times 7^2}$

ou $\dfrac{147}{7^3}$ dont la racine est $\frac{5}{7}$, ou plutôt est comprise entre

$\frac{5}{7}$ et $\frac{6}{7}$. De sorte que la racine de $\frac{3}{7}$ est égale à l'un des deux nombres $\frac{5}{7}$ ou $\frac{6}{6}$, à une erreur près moindre que $\frac{1}{7}$.

D'où il suit que, *pour extraire la racine cubique d'une fraction dont le dénominateur n'est pas un cube parfait, il faut multiplier les deux termes de cette fraction par le carré du dénominateur, extraire la racine du numérateur à moins d'une unité, celle du dénominateur exactement, et diviser ces deux racines l'une par l'autre.*

La racine de la fraction est obtenue à moins de l'unité divisée par son dénominateur.

On peut, comme au § 165, simplifier l'opération, lorsque le dénominateur contient des facteurs carrés ou cubes parfaits, car il suffit de rendre cubes tous les facteurs qui ne le sont pas : en effet, par suite du principe démontré à la même occasion, § 165, le dénominateur sera un cube si tous ses facteurs sont des cubes. Ainsi, soit la fraction $\frac{3}{540}$. Le dénominateur décomposé en facteurs donne $2^2 . 3^3 . 5$. Il suffit de rendre cubes tous les facteurs qui ne le sont pas, ce qui se fait en multipliant ce nombre par $2 . 5^2$ ou 50 ; multipliant aussi le numérateur, il vient

$$\frac{150}{2^3 . 3^3 . 5^3}$$

dont la racine est $\frac{5}{30}$ ou $\frac{1}{6}$ à moins de $\frac{1}{30}$.

Donc, *quand le dénominateur d'une fraction contient des facteurs carrés ou cubes parfaits, il suffit pour rendre cube le dénominateur, de multiplier les deux termes de la fraction par le carré des facteurs qui n'entrent au dénominateur qu'à la première puissance, et par la première puissance de ceux qui y entrent à la seconde.*

181. *Extraction de la racine cubique d'un nombre entier décimal ou fractionnaire, à une fraction quelconque près.* — En raisonnant ici comme au § 166, il nous sera facile de trouver la racine cubique d'un nombre à une approximation qui ne soit pas décimale. En effet, comme nous venons de voir que la racine cubique d'une fraction dont le dénominateur est un cube, est obtenue à moins de l'unité divisée par la racine de ce dénominateur, il s'ensuit que

pour avoir la racine d'un nombre à moins de $\frac{1}{8}$, par exemple, il suffit de transformer ce nombre en un nombre équivalent dont le dénominateur sera 8 au cube, ce qui est facile en multipliant et divisant ce nombre par le cube de 8, et d'extraire la racine du résultat. Ce procédé est évidemment applicable à un entier, à un nombre décimal et à une fraction.

La racine de 35 à moins de $\frac{1}{8}$ sera celle de $\dfrac{35.512}{512}$ ou celle de $\dfrac{17920}{512}$. Cette dernière est comprise entre $\frac{26}{8}$ et $\frac{27}{8}$. Donc $\frac{26}{8}$ est la racine de 35 à moins de $\frac{1}{8}$ près.

La racine de 54,28, à moins de $\frac{1}{15}$, sera celle de $\dfrac{54,28 \times 15^3}{15^3}$ ou celle de $\dfrac{183195}{15^3}$. La racine de 183195 est 56. Donc la racine demandée est $\frac{56}{15}$ à moins de $\frac{1}{15}$ près, car elle est comprise entre $\frac{56}{15}$ et $\frac{57}{15}$.

La racine de $\frac{3}{5}$ à moins de $\frac{1}{12}$ sera celle de $\dfrac{\left(\dfrac{3}{5}\right).12^3}{12^3}$ ou celle de $\dfrac{\dfrac{5184}{5}}{12^3}$. Or, $\dfrac{5184}{5} = 1036$, à moins d'une unité. Donc la racine cherchée sera celle de $\dfrac{1036}{12^3}$, ou elle sera comprise entre $\frac{10}{12}$ et $\frac{11}{12}$. Elle est donc $\frac{10}{12}$ ou $\frac{5}{6}$ à moins de $\frac{1}{12}$ près.

Donc, *pour extraire la racine cubique d'un nombre quelconque à une fraction près* $\dfrac{1}{n}$, *il faut multiplier ce nombre par le cube de* n, *extraire la racine du nombre entier renfermé dans ce produit et diviser cette racine par* n.

Même raisonnement qu'au § 166, si l'on demandait la racine d'un nombre à moins de $\frac{3}{5}$.

182. *Extraction de la racine cubique des fractions avec une approximation en décimales. Remarques.* — On peut également étendre aux fractions le procédé du § 177 pour l'approximation en décimales. En effet, soit la fraction $\frac{5}{7}$ dont on demande la racine à moins de 0,01. Nous réduirons $\frac{5}{7}$ en décimales, et nous pousserons l'opération jusqu'à ce que nous obtenions six chiffres décimaux, ce qui donne 0,714285. La racine de ce nombre est 0,89. Ce nombre est donc la racine de $\frac{5}{7}$ à moins de 0,01, car la racine est comprise entre 0,89 et 0,90.

Donc, *pour extraire la racine cubique d'une fraction à une unité décimale près d'un ordre déterminé, il faut réduire la fraction en décimales, prendre un nombre de décimales triple de celui que l'on veut avoir à la racine, et chercher la racine de ce nombre décimal comme il est dit § 176.*

Remarquons également ici, comme au § 167, qu'il est préférable de chercher les racines des nombres par approximation en décimale, pour la même raison donnée dans ce paragraphe.

RAPPORTS ET PROPORTIONS.

183. *Définir un rapport, un rapport par différence, un rapport par quotient. Nature de ces rapports. Termes du rapport, antécédent, conséquent.* — On appelle *rapport* le résultat de la comparaison de deux quantités. Et comme il n'y a que deux manières de comparer deux quantités : soit en cherchant de combien l'une surpasse l'autre, soit en cherchant combien de fois elle la contient, il s'ensuit qu'il n'y a que deux espèces de rapports : *le rapport par différence*, qui est la différence de deux quantités, *le rapport par quotient*, qui est le quotient d'une quantité par une autre.

Le rapport par différence de 11 à 7 est 4; le rapport par quotient de 15 à 5 est 3. Celui de 15 à 12 est $\frac{15}{12}$ ou $\frac{5}{4}$.

Un rapport par différence peut donc être abstrait ou concret, suivant que les deux quantités comparées sont abstraites ou concrètes; mais un rapport par quotient est toujours un nombre abstrait, puisqu'il exprime le nombre de fois que le dividende contient le diviseur, ces deux derniers nombres étant de même nature, § 51.

Ainsi le rapport par quotient de 14 mètres à 2 mètres est 7. Le rapport de 15 kilogrammes de fer à 4 kilogrammes de fer est $\frac{15}{4}$.

Un rapport dont on ne désigne pas l'espèce est un rapport par quotient.

Les deux quantités comparées s'appellent les *termes* du rapport. Le premier porte le nom d'*antécédent*, et le second celui de *conséquent*.

184. *Un rapport par différence ne change pas quand on augmente ou que l'on diminue les deux termes d'un même nombre.* — Car lorsqu'on augmente ou que l'on diminue deux nombres, on ne change rien à leur différence. Il n'en serait pas de même si l'on multipliait ou si l'on divisait les deux termes par un même nombre.

185. *Un rapport par quotient ne change pas quand on multiplie ou que l'on divise ses deux termes par un même nombre.* — Car on peut multiplier ou diviser les deux termes d'une fraction ou d'un nombre fractionnaire par un même nombre sans en changer la valeur. Il n'en serait pas de même si l'on augmentait ou si l'on diminuait les deux termes d'un même nombre, § 97.

186. *Proportion ; proportion par différence, proportion par quotient. Extrêmes, moyens, antécédents, conséquents, quatrième proportionnelle, moyenne proportionnelle, troisième proportionnelle.* — On appelle *proportion* l'assemblage de deux rapports égaux de même espèce. Si la proportion est formée de deux rapports par différence, elle prend le nom de *proportion par différence ;* si elle est formée de deux rapports par quotient, elle prend le nom de *proportion par quotient.*

Quand on emploie le seul mot de *proportion*, il est toujours question d'une proportion par quotient.

Ainsi, le rapport par différence de 15 à 12 étant égal à

celui de 11 à 8, ces quatre nombres forment une proportion par différence qui s'écrit :

$$15 \; . \; 12 : 11 \; . \; 8.$$

et qui se lit 15 *est à* 12 *comme* 11 *est à* 8. On l'écrit encore :

$$15 - 12 = 11 - 8.$$

Dans la proportion par différence 15 . 12 : 11 . 8, 15 et 8 s'appellent les *extrêmes*, 12 et 11 les *moyens* de la proportion. Les deux antécédents 15 et 11 des deux rapports sont *les antécédents* de la proportion, 12 et 8 en sont *les conséquents*.

On appelle *quatrième proportionnelle par différence* à trois nombres, le quatrième terme d'une proportion par différence, dont les trois autres sont égaux aux nombres donnés. Ainsi, dans l'exemple précédent, 8 est une quatrième proportionnelle par différence aux trois nombres 15, 12 et 11.

On appelle *proportion continue par différence*, une proportion par différence dans laquelle les deux moyens sont égaux, telle que

$$8 \; . \; 5 : 5 \; . \; 2.$$

On appelle *moyenne proportionnelle par différence* entre deux nombres, le moyen terme d'une proportion continue par différence dont les extrêmes sont égaux aux deux nombres donnés. Dans l'exemple précédent, 5 est la moyenne entre 8 et 2.

On appelle *troisième proportionnelle par différence* à deux nombres, le quatrième terme d'une proportion continue par différence dont les deux moyens sont égaux à l'un des nombres donnés, et dont le premier terme est égal au second nombre donné. Dans l'exemple précédent, 2 est une troisième proportionnelle aux deux nombres 8 et 5.

Nous aurons des définitions analogues à donner pour les proportions par quotient.

D'abord, puisque le rapport de 12 à 3 est égal à celui de 20 à 5, ces quatre nombres forment une *proportion par quotient*, ou simplement une *proportion* qui s'écrit

$$20 : 5 :: 12 : 3.$$

et qui se lit 20 *est à* 5 *comme* 12 *est à* 3. Elle s'écrit encore :

$$\frac{20}{5} = \frac{12}{3}.$$

Les nombres 20 et 3 sont aussi *les extrêmes*, 5 et 12 *les moyens ;* 20 et 12 sont les deux *antécédents*, 5 et 3 les deux *conséquents ;* 3 est une *quatrième proportionnelle* aux trois nombres 20, 5 et 12.

On appelle *proportion continue par quotient*, ou plus simplement *proportion continue*, une proportion par quotient dont les moyens sont égaux, comme

$$4 : 6 :: 6 : 9.$$

6 est une *moyenne proportionnelle* entre les deux nombres 4 et 9, 9 est une *troisième proportionnelle* aux deux nombres 4 et 6.

187. *Lorsque quatre nombres sont en proportion par différence, la somme des extrêmes est égale à celle des moyens, et lorsqu'ils ne sont pas en proportion, ces deux sommes ne sont pas égales. Conséquences ou réciproques de ces deux principes.* — 1° Pour démontrer cette propriété fondamentale des proportions, prenons la proportion par différence

$$15 . 12 : 11 . 8.$$

dans laquelle le rapport est 3.

Si l'on avait 15 . 15 : 11 . 11, la proposition serait visiblement démontrée. Or, en écrivant 15 au lieu de 12, pour premier moyen, et 11 au lieu de 8 pour deuxième extrême, nous avons augmenté la somme primitive 12+11 des moyens de la proportion donnée, du rapport 3 ; car cette somme est maintenant 15+11 ; et nous avons augmenté la somme primitive 15+8 des extrêmes, du même rapport 3 ; car cette somme est maintenant 15+11. Mais dans la dernière proportion, ces deux sommes sont égales, donc elles l'étaient déjà avant d'avoir été augmentées de 3 unités.

Il est clair que ce raisonnement a toute la généralité désirable, et qu'il peut s'appliquer à toutes les proportions.

Donc, *dans toute proportion par différence, la somme des extrêmes est égale à celle des moyens.*

2° Maintenant : *si quatre nombres ne forment pas une proportion par différence, la somme des extrêmes ne sera pas égale à celle des moyens.* Soit les quatre nombres

$$15, \ 12, \ 11, \ 6$$

tels que $15 - 12$ ou 3, n'est pas égal à $11 - 6$ ou 5, ou tels qu'ils ne forment pas une proportion par différence. Il faut démontrer que $15 + 6$ ne peut pas être égal à $12 + 11$.

En effet, si l'on avait $15 \cdot 15 : 11 \cdot 11$, la somme des extrêmes serait égale à celle des moyens. Or, en écrivant 15 au lieu de 12 pour l'un des moyens, et 11 au lieu de 6 pour l'un des extrêmes, nous avons augmenté la somme des premiers moyens $12 + 11$, du premier rapport 3, car cette somme est maintenant $15 + 11$, et nous avons augmenté la somme des premiers extrêmes $15 + 6$ du deuxième rapport 5 qui n'est pas égal au premier ; mais, dans la proportion $15 \cdot 15 : 11 \cdot 11$, ces deux sommes sont égales ; donc elles ne l'étaient pas avant d'avoir été augmentées, l'une de 3 et l'autre de 5.

Conséquences de ces deux propositions. — On tire de ce qui précède les deux conséquences suivantes, qui ne sont que les réciproques des deux propositions, et qui se démontrent en s'appuyant sur l'une d'elles.

La réciproque de la première est : *Si quatre nombres sont tels que la somme des extrêmes soit égale à celle des moyens, ces quatre nombres formeront une proportion ;* car s'ils ne formaient pas une proportion, la somme des extrêmes ne serait pas égale à celle des moyens (2°).

La réciproque de la seconde est : *Si quatre nombres sont tels que la somme des extrêmes ne soit pas égale à celle des moyens, ces quatre nombres ne forment pas une proportion ;* car s'ils formaient une proportion, la somme des extrêmes serait égale à celle des moyens (1°).

On déduit de tous ces principes que, *pour que quatre nombres soient en proportion par différence, il suffit, mais il est nécessaire, que la somme des extrêmes soit égale à celle des moyens.*

Enfin, en donnant une autre forme à l'énoncé de la première réciproque, on peut dire que, *lorsque la somme de deux nombres est égale à la somme de deux autres, on peut former une proportion par différence, en prenant les deux parties d'une somme pour extrêmes, et pour moyens les deux parties de l'autre.*

Ainsi $5 + 10 = 8 + 7$. On pourra donc écrire :

$$10 \cdot 8 : 7 \cdot 5.$$

188. *Changements qu'on peut faire subir aux termes d'une proportion par différence.* — Puisqu'il suffit que la somme des extrêmes soit égale à la somme des moyens pour qu'il y ait proportion entre quatre nombres, il y aura toujours proportion entre ces quatre nombres si nous les faisons changer de place sans altérer l'égalité entre la somme des extrêmes et celle des moyens.

On pourra donc : 1° changer les moyens de place ; 2° les extrêmes de place ; 3° mettre les moyens à la place des extrêmes.

En effectuant ces divers changements sur les termes de la proportion par différence $10 \cdot 8 : 7 \cdot 5$, on aura successivement les proportions suivantes :

$$10 \cdot 8 : 7 \cdot 5 \qquad 8 \cdot 10 : 5 \cdot 7$$
$$10 \cdot 7 : 8 \cdot 5 \qquad 8 \cdot 5 : 10 \cdot 7$$
$$5 \cdot 8 : 7 \cdot 10 \qquad 7 \cdot 5 : 10 \cdot 8$$
$$5 \cdot 7 : 8 \cdot 10 \qquad 7 \cdot 10 : 5 \cdot 8$$

189. *Trouver une quatrième proportionnelle, une troisième proportionnelle et une moyenne proportionnelle par différence.* — Puisque, dans une proportion par différence, la somme des extrêmes est égale à celle des moyens :

1° *Un extrême est égal à la somme des moyens diminuée de l'autre extrême ;*

2° *Un moyen est égal à la somme des extrêmes diminuée de l'autre moyen ;*

3° *Un extrême d'une proportion continue est égal au double du moyen moins l'autre extrême ;*

4° *Le moyen d'une proportion continue est égal à la demi-somme des extrêmes.*

On déduit de ces principes le moyen de trouver une quatrième proportionnelle, une troisième proportionnelle, et une moyenne proportionnelle.

En effet, soit proposé de trouver une quatrième proportionnelle aux trois nombres 7, 11 et 15, une troisième proportionnelle aux deux nombres 8 et 6, et une moyenne proportionnelle entre les deux nombres 8 et 14. On aura, en désignant les nombres inconnus par x, y, z, les trois proportions :

$$7 . 11 : 15 . x \qquad 8 . 6 : 6 . y \qquad 8 . z : z . 14$$

d'où

$$x + 7 = 11 + 15 \qquad y + 8 = 2 \times 6 \qquad 2z = 14 + 8$$

d'où l'on tire

$$x = 11 + 15 - 7 \qquad y = 2 \times 6 - 8 \qquad z = \frac{14 + 8}{2}$$

Ce qui vérifie les principes 1°, 3° et 4°; réduisant, il vient

$$x = 19 \qquad y = 14 \qquad z = 11$$

Ainsi, *une quatrième proportionnelle par différence à trois nombres, est égale à la somme des deux derniers nombres moins le premier.*

Une troisième proportionnelle par différence à deux nombres est égale au double du deuxième nombre, moins le premier.

Une moyenne proportionnelle par différence entre deux nombres est égale à leur demi-somme.

190. *Lorsque quatre nombres sont en proportion par quotient, le produit des extrêmes est égal au produit des moyens. Lorsqu'ils ne sont pas en proportion, le produit des extrêmes n'est pas égal à celui des moyens. Conséquences ou réciproques de ces deux principes.* — 1° Prenons la proportion :

$$20 : 5 :: 12 : 3$$

dans laquelle le rapport est 4.

Si l'on avait 20 : 20 :: 12 : 12, la proposition serait démontrée. Or, en écrivant 20 à la place de 5 pour premier moyen, et 12 à la place de 3 pour second extrême, nous avons multiplié le nombre 5 par le rapport 4, ainsi que le nombre 3. Nous avons donc multiplié par 4, et le produit des moyens 5×12 et le produit des extrêmes 20×3, car nous avons multiplié par 4 l'un des facteurs de ces deux produits. Donc, puisque le produit des moyens est égal au produit des extrêmes dans la seconde proportion, ces deux produits étaient égaux déjà dans la première avant d'avoir été multipliés par le même nombre 4.

Donc enfin, *dans toute proportion, le produit des extrêmes est égal au produit des moyens.*

2° Maintenant, nous allons démontrer que *si quatre nombres ne sont pas en proportion, le produit des extrêmes n'est pas égal à celui des moyens.*

Soit les quatre nombres

$$20, 5, 12, 4$$

tels que le rapport de 20 à 5 ou 4, n'est pas égal au rapport de 12 à 4 ou 3, ou tels qu'ils ne forment pas une proportion. Nous allons démontrer que 20×4 ne peut égaler 5×12.

En effet, si l'on avait 20 : 20 :: 12 : 12, le produit des extrêmes serait égal à celui des moyens. Or, en écrivant 20 au lieu de 5 pour l'un des moyens, et 12 au lieu de 4 pour l'un des extrêmes, nous avons multiplié le produit des moyens 5×12 par le premier rapport 4, et le produit des extrêmes 20×4 par le deuxième rapport 3 qui n'est pas égal au premier. Mais dans la proportion 20 : 20 :: 12 : 12, ces deux produits sont égaux ; donc ils ne l'étaient pas avant d'avoir été multipliés, l'un par 4, l'autre par 3.

Conséquences de ces deux propositions. Les conséquences que nous allons tirer de ces deux propositions n'en sont que les réciproques, et pour les démontrer, on s'appuiera successivement sur l'une et sur l'autre.

La réciproque de la première est : *si quatre nombres sont tels que le produit des extrêmes soit égal à celui des moyens, ces quatre nombres formeront une proportion ;* car s'ils ne formaient pas une proportion, le produit des extrêmes ne serait pas égal à celui des moyens (2°).

La réciproque de la seconde est : *si quatre nombres sont tels que le produit des extrêmes ne soit pas égal à celui des moyens, ces quatre nombres ne forment pas une proportion ;* car s'ils formaient une proportion, le produit des extrêmes serait égal à celui des moyens (1°).

On déduit de ces principes que, *pour que quatre nombres soient en proportion, il suffit, mais il est nécessaire, que le produit des extrêmes soit égal à celui des moyens.*

Enfin, en donnant une autre forme à l'énoncé de la première réciproque, on peut dire que, *lorsque le produit de deux nombres est égal au produit de deux autres, on peut former une proportion, en prenant les deux facteurs d'un même produit pour extrêmes, et pour moyens les deux facteurs de l'autre.*

Ainsi, $3 \times 10 = 5 \times 6$. On pourra donc écrire :
$$3 : 5 :: 6 : 10.$$

191. *Changements qu'on peut faire subir aux termes d'une proportion.* — Puisqu'il suffit que le produit des extrêmes soit égal au produit des moyens pour qu'il y ait proportion entre quatre nombres, il y aura toujours proportion entre ces quatre nombres si nous les faisons changer de place sans altérer l'égalité entre le produit des extrêmes et celui des moyens.

On pourra donc 1° changer les moyens de place ; 2° changer les extrêmes de place ; 3° mettre les moyens à la place des extrêmes. En effectuant ces divers changements sur les termes de la proportion $3 : 5 :: 6 : 10$, on aura successivement les proportions suivantes :

$$3 : 5 :: 6 : 10 \qquad 5 : 3 :: 10 : 6$$
$$3 : 6 :: 5 : 10 \qquad 5 : 10 :: 3 : 6$$
$$10 : 5 :: 6 : 3 \qquad 6 : 10 :: 3 : 5$$
$$10 : 6 :: 5 : 3 \qquad 6 : 3 :: 10 : 5$$

Il y a toujours proportion, puisque le produit des extrêmes est toujours égal à celui des moyens; les rapports seuls sont changés.

192. *Trouver une quatrième proportionnelle, une troisième proportionnelle, et une moyenne proportionnelle, dans une proportion par quotient.* — Puisque dans une proportion par quotient, le produit des extrêmes est égal à celui des moyens :

1° *Un extrême est égal au produit des moyens divisé par l'autre extrême;*

2° *Un moyen est égal au produit des extrêmes divisé par l'autre moyen;*

3° *Un extrême d'une proportion continue est égal au carré du moyen divisé par l'autre extrême;*

4° *Le moyen d'une proportion continue est égal à la racine carrée du produit des extrêmes.*

On déduit de ces principes le moyen de trouver une quatrième proportionnelle, une troisième proportionnelle, et une moyenne proportionnelle.

En effet, soit proposé de trouver une quatrième proportionnelle aux trois nombres 15, 3 et 45, une troisième proportionnelle aux deux nombres 9 et 6, et une moyenne proportionnelle entre les deux nombres 4 et 16. On aura, en désignant les nombres inconnus par x, y, z, les trois proportions :

$$15 : 3 :: 45 : x \qquad 9 : 6 :: 6 : y \qquad 4 : z :: z : 16$$

d'où

$$x \times 15 = 3 \times 45 \qquad y \times 9 = 6^2 \qquad z^2 = 4 \times 16$$

d'où l'on tire

$$x = \frac{3 \times 45}{15} \qquad y = \frac{6^2}{9} \qquad z = \sqrt{4 \times 16}$$

Ce qui vérifie les principes 1°, 3° et 4°. Réduisant, il vient

$$x = 9 \qquad y = 4 \qquad z = 8$$

Ainsi, *une quatrième proportionnelle à trois nombres est égale au produit des deux derniers divisé par le premier.*

Une troisième proportionnelle à deux nombres est égale au carré du deuxième divisé par le premier.

Une moyenne proportionnelle entre deux nombres est égale à la racine carrée de leur produit.

Soit encore proposé de trouver une quatrième proportionnelle aux trois nombres $\frac{2}{5}$ 0,15 et 1,4, une troisième proportionnelle aux deux nombres $\frac{5}{7}$ et $\frac{2}{5}$, et enfin, une moyenne proportionnelle entre les deux nombres $\frac{5}{8}$ et 1,25, ou aura

$$x = \frac{0,15 \times 1,4}{\frac{2}{5}}; \; y = \frac{\frac{4}{25}}{\frac{5}{7}}; \; z = \sqrt{\frac{5}{8} \times 1,25}$$

d'où

$$x = 0,525 \,;\; y = 0,224 \,;\; z = 0,883$$

à moins de 0,001.

193. *On peut multiplier ou diviser par un même nombre les deux premiers termes d'une proportion ou les deux derniers, ou les deux antécédents ou les deux conséquents.* — Car, dans tous ces cas, on ne fait que multiplier ou diviser le produit des extrêmes et le produit des moyens par un même nombre, ce qui ne trouble pas leur égalité. Donc, il y a toujours proportion ; le rapport seul peut changer.

On ne pourrait pas multiplier ou diviser par un même nombre, soit les deux moyens, soit les deux extrêmes, car le produit des extrêmes ne serait plus égal à celui des moyens.

194. *Lorsque deux proportions ont un rapport commun, les deux autres rapports forment une proportion.* — En effet, soient les deux proportions :

$$3 : 6 :: 4 : 8$$
$$3 : 6 :: 7 : 14$$

Les deux rapports $\frac{4}{8}$ et $\frac{7}{14}$ étant respectivement égaux à un troisième $\frac{3}{6}$, sont égaux entre eux ; donc, ils peuvent former la proportion :

$$\frac{4}{8} = \frac{7}{14} \text{ ou } 4 : 8 :: 7 : 14$$

195. *Si deux proportions ont les mêmes antécédents, ou les mêmes conséquents, les conséquents ou les antécédents formeront une proportion.* — Car, en changeant les moyens de place, les deux proportions résultantes auront un rapport commun, et les deux autres rapports formés par les conséquents ou antécédents, seront en proportion. Ainsi, soient les proportions :

$$3 : 6 :: 4 : 8 \qquad 12 : 4 :: 6 : 2$$
ou

$$3 : 15 :: 4 : 20 \qquad 20 : 4 :: 10 : 2$$

On en tirerait, en changeant les moyens de place,

$$3 : 4 :: 6 : 8 \qquad 12 : 6 :: 4 : 2$$
et

$$3 : 4 :: 15 : 20 \qquad 20 : 10 :: 4 : 2$$

d'où, § 194,

$$6 : 8 :: 15 : 20 \quad \text{et} \quad 12 : 6 :: 20 : 10$$

196. *Lorsque deux proportions ont les mêmes extrêmes ou les mêmes moyens, on peut former une proportion avec les moyens ou avec les extrêmes.* — En effet, soient les proportions :

$$3 : 4 :: 9 : 12 \qquad\qquad 4 : 5 :: 8 : 6$$
ou

$$3 : 2 :: 18 : 12 \qquad\qquad 2 : 3 :: 8 : 12$$

Dans les premières, les produits des moyens sont égaux au même produit des extrêmes 3×12 ; donc ils sont égaux entre eux. Dans les secondes, les produits des extrêmes sont égaux au même produit des moyens 3×8 ; donc ils sont égaux entre eux. De sorte qu'on a

$$4 \times 9 = 2 \times 18 \qquad \text{et} \qquad 4 \times 6 = 2 \times 12$$

d'où l'on déduit, § 190,

$$4 : 2 :: 18 : 9 \quad \text{et} \quad 4 : 2 :: 12 : 6$$

d'où l'on voit que les moyens inégaux ou les extrêmes inégaux ont formé les deux extrêmes et les deux moyens de la nouvelle proportion.

197. *Lorsque deux proportions ont les trois premiers termes égaux, le quatrième est égal de part et d'autre.* — En effet, en tirant la valeur de ce quatrième terme dans chacune des proportions, on trouverait une expression composée des mêmes nombres liés entre eux par les mêmes signes, car un extrême est toujours égal au produit des moyens divisé par l'autre extrême.

198. *Lorsqu'on multiplie deux ou plusieurs proportions, terme à terme, les quatre produits obtenus forment une proportion.* — En effet, soient les proportions

$$12 : 6 :: 14 : 7$$
$$15 : 5 :: 24 : 8$$
$$16 : 8 :: 18 : 9$$

on a, en faisant le produit des extrêmes et le produit des moyens,

$$12.7 = 6.14 \qquad 15.8 = 5.24 \qquad 16.9 = 8.18$$

multipliant ces égalités membre à membre,

$$12.7 \times 15.8 \times 16.9 = 6.14 \times 5.24 \times 8.18$$

qu'on peut écrire,

$$12.15.16 \times 7.8.9 = 6.5.8 \times 14.24.18$$

On peut considérer le premier membre comme un produit de deux facteurs, ainsi que le second. On a donc deux produits égaux, avec lesquels on peut former la proportion

$$12.15.16 : 6.5.8 :: 14.24.18 : 7.8.9$$

qui justifie l'énoncé.

199. *Lorsqu'on divise deux proportions terme à terme, les quotients obtenus forment encore une proportion.* — Soient les proportions

$$5 : 10 :: 7 : 14$$
$$3 : 9 :: 8 : 24$$

faisant le produit des extrêmes et le produit des moyens, on aura

$$5 \times 14 = 10 \times 7 \quad \text{et} \quad 3 \times 24 = 9 \times 8$$

si nous divisons ces deux égalités, membre à membre, il vient

$$\frac{5 \times 14}{3 \times 24} = \frac{10 \times 7}{9 \times 8}$$

qu'on peut mettre sous la forme

$$\frac{5}{3} \times \frac{14}{24} = \frac{10}{9} \times \frac{7}{8}$$

Or, avec deux produits égaux, on peut faire une proportion, donc

$$\frac{5}{3} : \frac{10}{9} :: \frac{7}{8} : \frac{14}{24}$$

qui justifie le principe énoncé.

200. *Les puissances d'un même degré des quatre termes d'une proportion forment encore une proportion, ainsi que les racines.* — Soit la proportion :

$$5 : 15 :: 7 : 21$$

on aura 5. 21 = 15. 7. Élevant les deux membres à une puissance quelconque 4, il faudra élever chaque facteur à cette puissance. On aura donc

$$5^4. 21^4 = 15^4. 7^4.$$

Avec ces deux produits égaux, on peut faire la proportion

$$5^4 : 15^4 :: 7^4 : 21^4.$$

On le démontrerait de même pour les racines.

201. *Lorsqu'on augmente ou qu'on diminue chaque antécédent d'une ou de plusieurs fois son conséquent, sans altérer ce conséquent, il y a encore proportion.* — Soit la proportion.

$$28 : 4 :: 21 : 5.$$

Comme le rapport, dans une proportion, n'est que le nombre de fois que chaque antécédent contient son conséquent, si nous augmentons ou si nous diminuons chaque antécédent de 1, 2, 3... fois son conséquent, chaque antécédent contiendra son conséquent 1, 2, 3... fois de plus ou de moins; donc, chacun des rapports sera augmenté ou diminué de 1, 2, 3... unités. Or, ces deux rapports étaient égaux avant cette addition ou cette soustraction, donc ils sont encore égaux après, c'est-à-dire qu'il y a encore proportion.

Ainsi, on peut écrire

$$28 + 4 : 4 :: 21 + 3 : 3 \; ; \; \text{ou} \; 28 + 2.4 : 4 :: 21 + 2.3 : 3$$
$$28 - 4 : 4 :: 21 - 3 : 3 \; ; \; \text{ou} \; 28 - 2.4 : 4 :: 21 - 2.3 : 3$$

qui se réduisent à

$$32 : 4 :: 24 : 3 \qquad 36 : 4 :: 27 : 3$$
$$24 : 3 :: 18 : 3 \qquad 20 : 4 :: 15 : 3$$

et qui forment autant de proportions.

On peut traduire l'énoncé de ce principe d'une manière générale, en désignant par a, b, c, d les quatre termes de la proportion, et par n le nombre de fois que chaque antécédent doit être augmenté ou diminué de son conséquent. On aura alors

$$a : b :: c : d$$

et l'on en déduira :

$$a \pm n\,b : b :: c \pm n\,d : d$$

le signe $\pm$ s'énonce *plus ou moins*.

La proposition de ce paragraphe s'énonce généralement ainsi : *la somme ou la différence des deux premiers termes est au second, comme la somme ou la différence des deux derniers est au quatrième.* Et comme on peut mettre les moyens à la place des extrêmes, on en déduira alors cet autre principe : *la somme ou la différence des deux premiers termes est au premier, comme la somme ou la différence des deux derniers termes est au troisième.* Car soit la proportion :

$$5 : 15 :: 2 : 6$$

on en déduira

$$15 : 5 :: 6 : 2$$

et alors

$$15 \pm 5 : 5 :: 6 \pm 2 : 2$$

Les quatre propriétés suivantes des proportions sont déduites de celle-ci.

202. *La somme ou la différence des antécédents est à la somme ou à la différence des conséquents comme un antécédent est à son conséquent.* — Soit la proportion

$$15 : 5 :: 6 : 2$$

il suffit de changer les moyens de place et d'appliquer les principes précédents. En effet, en opérant ainsi, il vient

$$15 : 6 :: 5 : 2$$

d'où
$$15 \pm 6 : 6 :: 5 \pm 2 : 2$$

et, pour avoir la traduction littérale de l'énoncé, changeant les moyens de place,

$$15 \pm 6 : 5 \pm 2 :: 6 : 2 \quad \text{et aussi} :: 15 : 5, \ \S\ 194,$$

ce qui donne

$$21 : 7 :: 6 : 2 \quad \text{ou } 9 : 3 :: 6 : 2$$

On voit en effet que 15 et 6 sont les antécédents, 5 et 2 les conséquents de la proportion donnée.

203. *La somme des deux premiers termes est à leur différence comme la somme des deux derniers est à leur différence.* — Soit la proportion

$$15 : 5 :: 6 : 2$$

En appliquant les principes du § 201, on aura successivement

$$15 + 5 : 5 :: 6 + 2 : 2$$
$$15 - 5 : 5 :: 6 - 2 : 2$$

et à cause du § 195

$$15 + 5 : 15 - 5 :: 6 + 2 : 6 - 2$$

204. *La somme des antécédents est à leur différence, comme la somme des conséquents est à leur différence.* — Soit la proportion

$$15 : 5 :: 6 : 2$$

Pour pouvoir appliquer le principe du § 204, il suffit de changer les moyens de place, ce qui donne

$$15 : 6 :: 5 : 2$$

alors, § 201, $\quad 15 + 6 : 6 :: 5 + 2 : 2$

et $\qquad\qquad 15 - 6 : 6 :: 5 - 2 : 2$

d'où, § 195, $\quad 15 + 6 : 15 - 6 :: 5 + 2 : 5 - 2$

205. *Dans une suite de rapports égaux, la somme des antécédents est à la somme des conséquents comme un antécédent est à son conséquent.*— Soit la suite proportionnelle

$$6 : 2 :: 15 : 5 :: 21 : 7 :: 18 : 6$$

Prenant les deux premiers rapports, on aura d'abord, § 202 :

$$6 + 15 : 2 + 5 :: 15 : 5$$

et comme $\qquad 15 : 5 :: 21 : 7 \ \S\ 195$

on a $\qquad\quad 6 + 15 : 2 + 5 :: 21 : 7$

et de celle-ci on tire, § 202

$$6 + 15 + 21 : 2 + 5 + 7 :: 21 : 7$$

et comme $\qquad 21 : 7 :: 18 : 6$

on a $\qquad 6 + 15 + 21 : 2 + 5 + 7 :: 18 : 6$

de cette dernière enfin

$$6 + 15 + 21 + 18 : 2 + 5 + 7 + 6 :: 18 : 6$$
$$\text{ou} :: 21 : 7 \text{ ou, etc...}$$

206. *Faire disparaître les dénominateurs d'une proportion.* — Les termes d'une proportion pouvant être fractionnaires, nous allons faire voir qu'on peut faire disparaître les dénominateurs, non pas sans changer les rapports, mais sans troubler leur égalité, c'est-à-dire qu'il y aura toujours proportion après nos transformations. Il suffit, pour cela, de s'appuyer sur les principes du § 195.

Soit la proportion :

$$\tfrac{2}{3} : \tfrac{8}{4} :: 16 : 18$$

multipliant les deux conséquents par **4**, puis les deux antécédents par **3**, on aura d'abord $\tfrac{2}{3} : 3 :: 16 : 72$; puis $2 : 3 :: 48 : 72$.

Soit encore :

$$\tfrac{2}{5} : 3 :: \tfrac{8}{7} : \tfrac{16}{14}$$

multipliant les conséquents par 14, puis les deux premiers termes par 5, puis les deux derniers par 7, il viendra successivement :

$$\tfrac{2}{5} : 42 :: \tfrac{3}{7} : 45 ; \quad 2 : 210 :: \tfrac{3}{7} : 45 ; \quad 2 : 210 :: 3 : 315$$

Ces transformations sont surtout utiles lorsqu'on a à chercher un terme inconnu d'une proportion.

Soit proposé de trouver la quatrième proportionnelle aux trois nombres $\tfrac{2}{3}$, $\tfrac{3}{4}$ et $\tfrac{4}{5}$. Nous aurons

$$\tfrac{2}{3} : \tfrac{3}{4} :: \tfrac{4}{5} : x ;$$

d'où $\qquad \tfrac{2}{3} : \tfrac{3}{4} :: 4 : 5x$; puis $2 : \tfrac{3}{4} :: 12 : 5x$

$$\text{et } 8 : 3 :: 12 : 5x ;$$

d'où $\quad 5x = \dfrac{3 \cdot 12}{8} = \tfrac{36}{8}$ et $x = \dfrac{36}{8 \cdot 5} = \tfrac{36}{40} = \tfrac{9}{10} = 0{,}9$;

ou bien $\tfrac{8}{10} : \tfrac{9}{12} :: \tfrac{4}{5} : x$; $8 : 9 :: \tfrac{4}{5} : x$

$$\text{et } \quad 40 : 9 :: 4 : x ; \quad \text{d'où } x = \dfrac{4 \cdot 9}{40} = 0{,}9.$$

207. *Signification des expressions : deux quantités sont directement ou inversement proportionnelles à deux autres.* — On se sert souvent de l'expression : *deux quantités sont directement proportionnelles, ou inversement proportionnelles à deux autres.* Nous allons faire comprendre l'acception que nous devons donner à cette locution.

Par exemple, en mécanique, on découvre que, *dans le mouvement uniforme, un mobile parcourt des espaces qui sont directement proportionnels aux temps employés à les parcourir.* Cela signifie que si l'on prend deux de ces espaces et les temps correspondants, on pourra former une proportion avec ces quatre quantités, de manière que les deux antécédents soient égaux aux deux quantités d'espèces différentes qui *se correspondent* : ainsi, de manière que le premier antécédent soit le premier espace, et que le deuxième antécédent soit le temps qui lui correspond, et de même pour les deux conséquents. Ou bien, si l'on désigne par e l'espace parcouru pendant le temps t, et par

e' l'espace parcouru pendant le temps t', on aura la proportion

$$e : e' :: t : t'$$

On dit aussi que les quantités e et e' sont *en rapport direct* avec les quantités t et t'.

On démontre également en mécanique que, lorsqu'un corps tourne autour d'un point auquel il est solidement assujetti, de manière qu'il ne puisse s'en écarter, il résulte pour lui de son mouvement même une tendance à s'échapper, et à fuir le centre autour duquel il tourne. Cette force anime sans cesse le mobile, et elle est à chaque instant détruite par la résistance que le centre lui oppose. On lui a donné le nom de *force centrifuge*. Maintenant cette force a des valeurs différentes, suivant que le mobile tourne dans des cercles plus ou moins grands, ou avec des vitesses plus ou moins grandes. On démontre que, *si deux corps tournent dans des cercles dont les rayons sont différents, mais avec la même vitesse, les forces centrifuges qui se développent en eux, sont inversement proportionnelles aux rayons des cercles dans lesquels ils tournent.* C'est-à-à-dire que si l'on désigne par f et f' ces deux forces, et par r et r' les rayons des cercles, on pourra former avec ces quatre quantités une proportion, mais de manière que les deux antécédents soient égaux aux deux quantités d'espèces différentes qui *ne se correspondent pas*; ainsi de manière que le premier antécédent soit la première force, et que le deuxième antécédent soit le *second* rayon qui ne lui correspond pas, et de même pour les deux conséquents. Ainsi, dans cet exemple, on aurait la proportion :

$$f : f' :: r' : r.$$

On dit aussi que les quantités f et f' sont *en rapport inverse* avec les quantités r et r'.

Soit, pour second exemple, celui de roues dentées, § 133. Nous avons vu que, si la circonférence de la roue était double, triple, quadruple... de la circonférence du pignon, le nombre de tours de la roue était au contraire égal à la moitié, au tiers, au quart... du nombre des tours exécutés par le pignon dans le même temps. Nous pouvons dire ici, d'après les nouvelles locutions, que les circonférences des roues sont inversement proportionnelles au nombre de tours exécutés par les deux roues dans le même temps ; et comme les circonférences sont dans le même rapport que les nombres de dents, car les dents ayant la même grandeur, il faut qu'il y en ait deux fois plus dans la roue que dans le pignon, si les circonférences sont doubles ; trois fois plus, si elles sont triples l'une de l'autre... il s'ensuit donc que *les nombres de dents de deux roues qui s'engrènent, sont inversement proportionnels au nombre de tours exécutés par les deux roues dans le même temps. Au* contraire, *les nombres de dents sont directement proportionnels aux diamètres.* Si donc nous désignons par D et d les diamètres des deux roues, par N et n les nombres de dents, et par T et t les nombres de tours exécutés pendant le même temps, on aura ces deux proportions :

$$N : n :: t : T \qquad N : n :: D : d$$

Donc, *deux quantités sont directement proportionnelles à deux autres, d'une autre espèce, lorsqu'on peut faire avec ces quatre quantités une proportion dans laquelle les deux antécédents soient deux quantités d'espèces différentes, et qui se correspondent dans l'énoncé de la proposition, et dont les conséquents soient les deux autres.*

Deux quantités sont inversement proportionnelles à deux autres d'une autre espèce, lorsqu'on peut faire avec ces quatre quantités une proportion, dans laquelle les antécédents soient deux quantités d'espèce différente, mais qui ne se correspondent pas dans l'énoncé de la proposition, et dont les conséquents soient les deux autres.

Nous donnerons bientôt, dans les problèmes qui vont suivre, les moyens de déterminer, d'après l'énoncé d'une proposition dans laquelle il est question de proportionnalité, si les rapports sont directs ou inverses.

Quelquefois deux quantités, au lieu de former une proportion avec deux autres quantités, forment une proportion avec les carrés, ou les cubes, ou... de ces autres quantités. Dans ce cas, on dit que *les deux premières quantités sont directement ou inversement proportionnelles aux carrés, ou aux cubes, ou... des secondes quantités.*

Par exemple, *les corps en tombant dans la verticale, parcourent des espaces qui sont directement proportionnels aux carrés des temps employés à les parcourir.* C'est-à-dire, que si, par exemple, un corps abandonné à lui-même du haut d'une tour met 3 secondes pour arriver au pied de la tour, et si le même corps, tombant d'une tour plus élevée met 4 secondes pour arriver au sol, la mécanique fait voir que les espaces parcourus, ou les hauteurs des deux tours, sont en rapport direct avec les nombres 9 et 16 qui sont les carrés de 3 et de 4 ; ou bien si l'on désigne par e et e' les espaces parcourus pendant des temps t et t', on aura la proportion :

$$e : e' :: t^2 : t'^2.$$

Si deux corps tournent dans le même cercle avec des vitesses différentes, ils parcourront la circonférence dans des temps différents. On démontre que *les forces centrifuges qu'ils acquièrent dans cette circonstance, sont en raison inverse des carrés des temps employés à parcourir la circonférence.* C'est-à-dire que si le premier corps met 3 secondes pour parcourir le cercle et l'autre 4, les énergies comparatives qui représentent les forces centrifuges de ces deux corps, sont entre elles comme 16 est à 9, ou comme le carré de 4 est au carré de 3. Si donc on représente par f et f' les valeurs des deux forces, et par t et t' les temps, on aura la proportion :

$$f : f' :: t'^2 : t^2.$$

208. *Dans quel cas on dit qu'une quantité est proportionnelle à une autre.* — L'idée que nous avons prise des proportions suppose toujours l'emploi de quatre quantités pour les former. Il est donc nécessaire de donner quel-

ques explications sur une autre locution employée fréquemment dans les sciences, et où il n'est pourtant question que de deux quantités.

On dit que *une quantité est directement proportionnelle à une autre, lorsque la seconde croissant ou décroissant dans un certain rapport, la première croît ou décroît dans le même rapport, et que une quantité est inversement proportionnelle à une autre, lorsque la seconde croissant ou décroissant dans un certain rapport, la première, au contraire, décroît ou croît dans le même rapport.*

Cette locution s'applique donc à deux quantités variables, et qui varient en même temps.

Mais il est aisé de faire voir que cette locution est identique avec la précédente, et qu'elle entraîne toujours avec elle l'idée d'une proportion. En effet, choisissons pour mieux établir la comparaison, les mêmes exemples qui ont été choisis plus haut, celui du mouvement uniforme et celui de la force centrifuge. La loi du mouvement uniforme peut être traduite ainsi : *l'espace parcouru dans un mouvement uniforme est directement proportionnel au temps employé à le parcourir.* D'après la définition précédente, cela suppose que si le temps pendant lequel le mobile se meut devient double, triple...., ou deux fois, trois fois.... plus petit, l'espace parcouru pendant ce temps, devient lui-même deux fois, trois fois plus grand, ou deux fois, trois fois... plus petit, c'est-à-dire que l'espace croît ou décroît dans le même rapport que le temps. Or, on voit aisément d'après cela que si l'on prend deux des espaces et les temps correspondants, ces espaces auront entre eux le même rapport que les temps, et ils seront en rapport direct. Donc on aura encore :

$$e : e' :: t : t',$$

proportion qui peut également servir de traduction à l'énoncé précédent : ainsi, dire qu'*une quantité est proportionnelle à une autre, c'est-à-dire que deux valeurs de la première quantité sont entre elles dans le même rapport que deux valeurs de la seconde.*

De même, une des lois de la force centrifuge se traduit ainsi : *la force centrifuge est inversement proportionnelle au rayon du cercle dans lequel le mobile se meut, lorsque la vitesse est la même.* D'après la définition, cela suppose que si le rayon devient double, triple...., la force centrifuge devient deux fois, trois fois.... plus petite, ou que si le rayon devient deux fois, trois fois.... plus petit, la force devient deux fois, trois fois plus grande ; c'est-à-dire que si l'on prenait deux valeurs quelconques de la force centrifuge et les grandeurs des rayons dans lesquels le mobile s'est mû, ces forces seraient inversement proportionnelles aux rayons, et l'on aurait :

$$f : f' :: r' : r,$$

proportion que nous avons déjà obtenue, et qui nous fait voir que l'énoncé du § 207 est identique avec celui du § 208. Ainsi, dire qu'*une quantité est inversement proportionnelle à une autre, c'est dire que deux valeurs de la première quantité sont inversement proportionnelles à deux valeurs de la seconde.*

On peut également se servir de cette expression : *une quantité est directement proportionnelle au carré d'une autre quantité ; une quantité est inversement proportionnelle au cube d'une autre quantité,* etc. Par exemple, la loi de la chute des corps traduite de cette manière : les espaces parcourus par un corps qui tombe sont proportionnels aux carrés des temps employés à les parcourir, peut s'énoncer ainsi : *l'espace parcouru par un corps qui tombe est proportionnel au carré du temps employé à le parcourir.* On ferait voir que ces deux énoncés sont identiques comme au § 207, en démontrant que, dans le dernier énoncé, deux valeurs de l'espace sont directement proportionnelles aux carrés de deux valeurs du temps.

On démontrerait de la même manière l'identité de cet

énoncé relatif à la force centrifuge : *la force centrifuge dans le même cercle est inversement proportionnelle au carré du temps employé à le décrire*, avec celui qui a été donné § 207.

209. *Traduction de certains résultats algébriques en lois de proportionnalité.* — Un des avantages de l'algèbre dans les questions que l'on a à résoudre sur les nombres, c'est d'offrir des résultats qui, par leur forme, permettent d'en déduire une ou plusieurs lois. Ces lois ne sont en langage ordinaire que la traduction de ces résultats. Souvent elles peuvent se traduire par de simples proportionnalités.

Reprenons les exemples déjà cités, mais procédons inversement, c'est-à-dire au lieu d'énoncer en langage ordinaire les résultats donnés par le calcul, prenons, au contraire, ces résultats et cherchons à en déduire les lois.

Le mouvement uniforme est caractérisé par l'équation

$$e = at,$$

dans laquelle e représente l'espace parcouru, t le temps employé à le parcourir, et a la *vitesse*, c'est-à-dire l'espace parcouru pendant l'unité de temps. Cette équation dit donc littéralement que *l'espace parcouru dans un mouvement uniforme est égal à la vitesse multipliée par le temps.* Mais cette équation peut également être traduite de la manière suivante :

Les espaces parcourus dans le mouvement uniforme sont directement proportionnels aux temps employés à les parcourir.

Cette interprétation de l'équation $e = at$, qui rappelle la locution du § 207, sera justifiée en prenant deux valeurs de e et les valeurs correspondantes de t. Soit e' et e'', t' et t'' ces valeurs. Elles doivent satisfaire à la relation $e = at$, c'est-à-dire qu'on doit avoir $e' = at$; $e'' = at''$. Divisant ces deux égalités membre à membre, il vient à cause de a facteur commun aux deux termes du second membre :

$$\frac{e'}{e''} = \frac{at'}{at''} \quad \text{et} \quad \frac{e'}{e''} = \frac{t'}{t''}$$

Maintenant, puisque la locution du § 208 est identique avec celle du § 207, il est clair qu'on pourra dire ici, c'est la forme généralement admise :

L'espace parcouru dans le mouvement uniforme est directement proportionnel au temps employé à le parcourir.

On prouverait d'ailleurs que cette manière d'exprimer la loi donnée par l'équation est exacte en disant : puisque a est une quantité constante, si t devient double, triple, quadruple.... le produit at, ou sa valeur e, deviendra double, triple, quadruple, donc e est proportionnel à t.

Deuxième exemple : la valeur de la force centrifuge dans le cercle est exprimée par la relation

$$f = \frac{v^2}{r}$$

dans laquelle f représente la force centrifuge, v la vitesse du mobile, et r le rayon du cercle qu'il décrit. D'où : *la force centrifuge est égale au carré de la vitesse divisé par le rayon.* Les lois que l'on en déduit sont les suivantes :

La force centrifuge est inversement proportionnelle au rayon, lorsque la vitesse est constante.

La force centrifuge est directement proportionnelle au carré de la vitesse, lorsque le rayon est constant.

1° En effet, la vitesse étant constante, si r devient double, triple... quadruple... la fraction $\frac{v^2}{r}$ ou sa valeur f deviendra deux fois, trois fois, quatre fois... plus petite. Donc f est inversement proportionnel à r.

2° Le rayon étant constant, si v devient 2 fois, 3 fois, 4 fois... plus grand, la fraction $\frac{v^2}{r}$ ou sa valeur f deviendra 4 fois, 9 fois, 16 fois plus grande ; donc f est directement proportionnel au carré de v.

Enfin, on pourrait tirer de cette même équation des interprétations dans le sens du langage employé dans le § 207 ; car, soient f' et f'' deux valeurs de f, r' et r'' les valeurs de r correspondantes, v étant constant ; ces valeurs devront satisfaire à la relation $f = \dfrac{v^2}{r}$, c'est-à-dire que l'on aura :

$$f' = \frac{v^2}{r'}, \; f'' = \frac{v^2}{r''}$$

divisant membre à membre.

$$\frac{f'}{f''} = \frac{v^2}{r'} : \frac{v^2}{r''} = \frac{v^2}{r'} \times \frac{r''}{v^2} = \frac{v^2 \, r''}{r' \, v^2} = \frac{r''}{r'}$$

c'est-à-dire que f' et f'' sont en rapport inverse avec les quantités r' et r''.

Soient aussi f' et f'' deux valeurs de f, pour deux valeurs de v, v' et v'', r étant constant, nous aurons :

$$f' = \frac{v'^2}{r}, \; f'' = \frac{v''^2}{r}. \; \text{D'où } \frac{f'}{f''} = \frac{v'^2 \cdot r}{v''^2 \cdot r} = \frac{v'^2}{v''^2}$$

c'est-à-dire que f' et f'' sont en rapport direct avec les carrés de v' et de v''.

Troisième exemple. Une des équations du mouvement des corps en chute libre est

$$e = \tfrac{1}{2} g \, t^2$$

dans laquelle e représente l'espace parcouru, t le temps employé à le parcourir ; $\tfrac{1}{2} g$ est une quantité constante dont la valeur est d'environ 5^m.

On n'aura aucune difficulté, d'après ce qui précède, à déduire de cette équation la loi suivante :

L'espace parcouru par un corps qui tombe est proportionnel au carré du temps employé à le parcourir.

Ou bien, *les espaces parcourus sont entre eux comme les carrés des temps employés à les parcourir.*

1° En effet, $\tfrac{1}{2} g$ étant une quantité constante, si t devient 2 fois, 3 fois, 4 fois... plus grand, e deviendra 4 fois, 9 fois, 16 fois... plus grand. Donc e est proportionnel au carré de t.

2° Ou bien soit e' et e'' deux valeurs de e, t', et t'' les valeurs de t correspondantes, on aura

$$e' = \tfrac{1}{2} gt'^2 ; \ e'' = \tfrac{1}{2} gt''^2 \qquad \text{d'où} \ \frac{e'}{e''} = \frac{t'^2}{t''^2}$$

c'est-à-dire que deux valeurs de e sont directement proportionnelles à deux valeurs de t^2.

210. *Moyen général d'exprimer en lois comment varie une quantité qui est exprimée par un produit.* — En général, *si une quantité x est représentée par une expression fractionnaire dont le numérateur soit formé de plusieurs facteurs, ainsi que le dénominateur, la quantité X sera directement proportionnelle à chaque facteur du numérateur en particulier, lorsque toutes les autres quantités qui entrent dans l'expression seront constantes, et inversement proportionnelles à l'un des facteurs du dénominateur dans la même circonstance.*

En effet, soit l'expression :

$$x = \frac{a \, b \, c^2}{d^2 \, e}.$$

Si l'on fait varier a seulement, si par exemple a devient 2 fois, 3 fois... plus grand, b, c, d, e, restant constants, la quantité $\dfrac{a \, b \, c^2}{d^2 \, e}$ ou son égale x deviendra 2 fois, 3 fois... plus grande, puisque le numérateur deviendra 2 fois, 3 fois... plus grand. Donc x est proportionnel à a. On prouverait de même que x est proportionnel à b, au carré de c, toujours dans l'hypothèse que les autres quantités restent constantes.

De même, si e devient 2 fois, 3 fois... plus grand, a, b, c, d restant constants, la valeur de x deviendra 2 fois, 3 fois... plus petite, car le dénominateur sera devenu 2 fois, 3 fois... plus grand ; donc x est inversement proportionnel à e. Il est également inversement proportionnel à d^2.

211. *Nature des unités de x dans une expression de la forme :*

$$x = \frac{12 \ \textit{hommes} \times 5 \ \textit{kilogrammes.}}{6 \ \textit{hommes.}}$$

Nous terminerons par une explication nécessaire sur certaines contradictions apparentes qui se présentent dans le cours des calculs. Voici ce dont il s'agit. Dans les problèmes qui vont suivre ou dans ceux que nous avons déjà résolus, il se présente des multiplications de nombres concrets par d'autres nombres concrets, même d'une autre espèce, puis des divisions; cependant nous avons vu que tout multiplicateur est essentiellement abstrait. Pour expliquer ce qui peut paraître contradictoire dans ces circonstances, faire voir que la science ne saurait indiquer des opérations erronées sans les justifier et prononcer avec certitude sur la nature du résultat, prenons un exemple qui sera presque toujours susceptible d'être appliqué, quelle que soit la question :

On arrive quelquefois, dans la résolution d'un problème, à une expression de cette forme :

$$x = \frac{12 \text{ hommes} \times 5 \text{ kilogrammes}}{6 \text{ kilogrammes}}$$

$$x = \frac{12 \text{ hommes} \times 5 \text{ kilogrammes}}{6 \text{ hommes}}$$

Il serait absurde de vouloir multiplier des hommes par des kilogrammes, et de diviser le produit dont la nature ne saurait être déterminée, soit par des hommes, soit par des kilogrammes. Mais, avec un peu d'attention on s'aperçoit qu'on n'a pas de telles opérations à effectuer, et qu'il est même facile d'assigner la nature des unités de x. En effet, dans le premier exemple, multiplier 12 hommes par 5 kil. et diviser le produit par 6 kil., n'est-ce pas comme si on multipliait 12 hommes par le rapport $\dfrac{5^k}{6^k}$, car l'expression peut se mettre sous la forme

$$x = 12 \text{ hommes} \times \frac{5^k}{6^k}$$

Or la quantité $\dfrac{5^k}{6^k}$ est un nombre essentiellement abstrait, car le dividende et le diviseur sont de même nature. Donc enfin x est égal à 12 hommes multipliés par le nombre abstrait $\dfrac{5}{6}$, ce qui donne 10 hommes.

De même, dans le second exemple, multiplier 12 hommes par 5^k, et diviser par 6^h, cela revient à multiplier le rapport $\dfrac{12^h}{6^h}$ ou 2, nombre abstrait, par 5^k. Donc le résultat, ou x, exprime dans ce cas 10 kilogrammes.

Dans d'autres circonstances où l'on a de telles opérations à effectuer, on parvient toujours à trouver l'explication de ces anomalies, soit à l'aide de raisonnements analogues au précédent, soit par des conventions faites d'avance, comme nous le verrons en géométrie dans la mesure des surfaces ou des volumes, et en mécanique, dans la mesure du travail.

Nous reprendrons maintenant une grande partie des problèmes résolus dans la première partie à l'aide des quatre premières règles, et nous en donnerons d'autres solutions simplifiées appuyées sur la théorie des proportions.

PROBLÈMES.

---

212. *Règle de trois, simple, composée, directe, inverse.* — On appelle *règle de trois* la règle qui sert à résoudre un problème d'arithmétique à l'aide d'une ou de plusieurs proportions. La règle de trois est *simple*, lorsqu'on arrive au résultat en établissant une seule proportion ; elle est *composée*, lorsque le résultat est obtenu par la combinaison de deux ou de plusieurs proportions.

Lorsque les quantités qui entrent dans une règle de trois simple, sont en rapport direct, la règle de trois prend le nom de *règle de trois simple directe* ; si ces quantités sont en rapport inverse, la règle prend le nom de *règle de trois inverse*.

Une règle de trois composée, comme nous le verrons bientôt, n'est qu'une suite de règles de trois simples. Il y a donc à examiner dans quel cas un problème conduira à une règle de trois simple. Or, pour qu'une proportion soit formée, il faut toujours quatre quantités, deux d'une certaine espèce, et deux d'une autre espèce. Il faudra donc que l'énoncé du problème renferme quatre quantités, deux d'une espèce et deux autres correspondantes, au nombre desquelles sera la valeur de l'inconnue ; et que, en outre, les deux premières quantités soient directement ou inversement proportionnelles aux secondes. Mais il faut bien remarquer que, pour qu'une quantité soit directement proportionnelle à une autre, il ne suffit pas qu'elle croisse ou décroisse en même temps que cette autre, il faut encore qu'elle croisse ou décroisse *dans le même rapport*. C'est donc ce qu'il faudra bien constater d'abord dans l'énoncé de la question, avant d'en conclure une proportion.

Nous allons procéder maintenant à la solution de quelques problèmes.

213. *On a acheté* 150^k,054 *de fonte pour* 65^f,85 : *on demande combien on aura de kilogrammes de la même fonte pour* 1500^f, § 130. — Soit x le nombre de kilogrammes cherché. Si la somme 1500^f était 2 fois, 3 fois... plus grande que la somme 65^f,85, le nombre de kilogrammes que l'on aurait pour 1500^f serait visiblement 2 fois, 3 fois... plus grand que le nombre 150^k,054. Donc, quel que soit le rapport qui existe entre les deux sommes 65^f,85 et 1500^f, il sera le même que celui qui devra exister entre 150^k,054 et x, et ces quantités seront directement proportionnelles. On pourra donc écrire la proportion

$$65^f,85 : 1500^f :: 150^k,054 : x$$

d'où $x = \dfrac{1500^f \times 150^k,054}{65^f,85} = 3418^k,085$, § 211.

214. *45 ouvriers ont fait un certain ouvrage en 20 jours, on demande combien 36 ouvriers mettront de jours pour faire le même ouvrage,* § 131. — Soit x le nombre de jours cherché. Si le nombre d'ouvriers 36 était 2 fois, 3 fois... plus grand que le nombre 45, ces ouvriers mettraient 2 fois, 3 fois... moins de temps à faire le même ouvrage, en supposant que toutes les circonstances du travail soient les mêmes, que la force des ouvriers, leur aptitude au travail, etc., soient identiques. On voit donc que, quel que soit le rapport qui existe entre les deux nombres d'ouvriers, il devra être égal à celui qui existe entre les deux nombres de jours; mais ici les rapports sont inverses, et l'on aura : la première quantité 36 est à la seconde 45, comme la seconde 20 est à la première x. Ou bien :

$$\overset{\text{ouv. ouv.}}{36 : 45} :: \overset{\text{j. j.}}{20 : x}$$

$$\text{d'où } x = \frac{20\text{j.} \times 45^{\text{ouv.}}}{36^{\text{ouv.}}} = 25 \text{ jours, § 211.}$$

Dans la pratique, quand on s'est assuré que les quantités doivent croître ou décroître *dans le même rapport,* on se contente de voir si l'on a écrit : plus grand est à plus petit comme plus grand est à plus petit. Ainsi, dans cet exemple, on dit : plus il y aura d'ouvriers, moins il faudra de jours : la règle de trois est donc inverse. Dans le premier exemple, plus la somme est forte, plus on peut acheter de kilogrammes de fonte avec cette somme : donc la règle de trois est directe.

215. *Trouver le nombre des dents et le diamètre d'un pignon qui doit être conduit par une roue qui a 45 dents et* $1^{\text{m}}50$ *de diamètre, sachant que l'axe de la roue doit faire 3 tours pendant que celui du pignon en fera 5,* § 133. En revenant sur ce qui a été dit au § 133, il est aisé de voir que les nombres de dents de la roue et du pignon sont inversement proportionnels au nombre de tours, et directement proportionnels aux rayons, car si la roue a 2, 3, 4... fois plus de dents que le pignon, elle fera 2, 3, 4... fois

moins de tours pendant le même temps, et les circonférences qui sont entre elles comme leurs rayons, sont aussi
entre elles comme leurs nombres de dents. Donc on aura
d'abord la proportion :

Tours tours dents.
$$5 : 3 :: 45 : x \qquad \text{ou seulement } 5 : 3 :: 45 : x$$

$$\text{d'où } x = \frac{3.45}{5} = 27 \text{ dents.}$$

$$\text{Puis} \quad 45 : 27 :: 1^{\text{m}},5 : x = \frac{27 \cdot 1,5}{45} = 0^{\text{m}},90.$$

216. *10 ouvriers ont limé une pièce de fonte de* 3^{m} *de longueur en 15 jours, travaillant 8 heures par jour ; on de-
mande combien 6 ouvriers mettront de jours pour limer une
pièce de fonte de* 5^{m} *en travaillant 10 heures par jour, la
fonte étant 2 fois plus dure que la première*, § 132. — Nous
supposerons d'abord égaux tous les nombres de la même
espèce, excepté les nombres d'ouvriers et les nombres de
jours. Alors nous aurons à résoudre cette question :

*10 ouvriers ont fait un certain ouvrage en 15 jours. Com-
bien 6 ouvriers mettront-ils de jours pour faire le même
ouvrage?*

On voit qu'il n'est pas ici question du nombre de mètres, il est supposé égal à 3 ; ni du nombre d'heures de
travail par jour, il est supposé égal à 8. Alors la quantité
qu'on trouvera pour l'inconnue ne sera pas la quantité
cherchée. Désignons-la par x'. Moins il y a d'ouvriers, plus
il faut de temps, donc la règle est inverse et l'on a :

$$6 : 10 :: 15 : x'.$$

On pourrait tirer de là la valeur de x', qui serait alors déterminée.

Nous introduirons maintenant le travail fait, et nous aurons à résoudre ce nouveau problème :

6 ouvriers ont fait 3^{m} *d'un certain ouvrage en* x' *jours.
Combien le même nombre d'ouvriers mettra-t-il de jours
pour faire* 5^{m} *de cet ouvrage?*

Nous supposons encore égaux les nombres d'heures de travail. Il serait inutile même de parler du nombre d'ouvriers, et l'on pourrait dire : un certain nombre d'ouvriers, etc... La quantité inconnue ne sera pas encore la quantité cherchée. Désignons-la par x''. Plus il y aura de mètres à faire, plus les 6 ouvriers mettront de jours. La règle est donc directe, et l'on aura :

$$3 : 5 : : x' : x''$$

d'où l'on pourrait tirer la valeur de x'', puisque x' est connu par la précédente. x'' représente donc le nombre de jours mis par les 6 ouvriers pour faire 5 mètres de cet ouvrage. Introduisons maintenant le temps du travail journalier. Nous aurons à résoudre cette autre question :

Un certain nombre d'ouvriers ont mis x'' jours pour faire un certain ouvrage en travaillant 8 heures par jour; combien mettront-ils de jours pour faire le même ouvrage en travaillant 10 heures ?

En désignant ce nouveau nombre de jours par x''', nous disons : plus il y a d'heures de travail par jour, moins il faut de jours aux mêmes ouvriers. Donc la règle est inverse, et l'on a :

$$10 : 8 : : x'' : x'''$$

d'où l'on peut tirer x''', et l'on aurait alors le nombre de jours mis par les 6 ouvriers pour faire 5^{m} en travaillant 10 heures. Mais ces derniers ouvriers travaillent dans de la fonte deux fois plus dure que la première. Si donc la dureté de la première fonte était représentée par 1, celle de la seconde le serait par 2, et il faudrait plus de jours pour la limer. La règle est donc directe, et en désignant par x l'inconnue définitive, on aurait :

$$1 : 2 : : x''' : x$$

tirant de là la valeur de x, le problème serait résolu.

Mais au lieu de tirer successivement la valeur de x', puis celle de x''..., on préfère effectuer le calcul par la méthode suivante, qui est moins longue. En rapprochant les quatre proportions précédentes, si on les multiplie terme à terme, § 198, il viendra :

$$6.3.10.1:10.5.8.2::15.x'.x''.x''':x'.x''.x'''.x.$$

Divisant les deux derniers termes par x', x'', x''', il vient :

$$6.3.10.1:10.5.8.2::15:x$$

$$\text{et } x = \frac{10.5.8.2.15}{6.3.10} = \frac{200}{3} = 66 \text{ jours } \tfrac{2}{3}.$$

A l'aide de cet exemple, il sera facile de résoudre tous les problèmes de ce genre. On voit que les inconnues auxiliaires x', x'', x''', représentent toujours la quantité inconnue, mais avec des conditions qui ne sont pas toutes celles de la question. Pour la facilité des calculs, on s'arrange pour qu'elles soient alternativement antécédent et conséquent dans les proportions successives.

217. *Partager le nombre 56 en deux parties proportionnelles aux nombres 3 et 5.* — Représentons par x et y les deux parties du nombre 56. D'après l'énoncé de la question, on aura :

$$x : y :: 3 : 5.$$

En appliquant les principes du § 201 à cette proportion, il vient :

$$x + y : y :: 3 + 5 : 5 \qquad x + y : x :: 3 + 5 : 3$$

ou, en remarquant que $x + y = 56$

$$56 : y :: 8 : 5 \qquad\qquad 56 : x :: 8 : 3$$

d'où $\quad y = 5 . \tfrac{56}{8} = 35,\quad$ et $\quad x = 3 . \tfrac{56}{8} = 21;$

en effet, $\qquad\qquad 35 + 21 = 56.$

Si l'on proposait de partager 56 en deux parties telles que l'une fût les $\tfrac{3}{5}$ de l'autre, on poserait $x = \tfrac{3}{5} y$, d'où $\dfrac{x}{y} = \tfrac{3}{5}$, ce qui se traduit comme le titre de ce paragraphe.

218. *Partager le nombre 259 en trois parties proportionnelles aux nombres* $\tfrac{1}{2}$, $\tfrac{1}{3}$ et $\tfrac{2}{5}$. — Représentons ces trois parties par x, y et z. D'après l'énoncé de la question, nous aurons

$$x : y :: \tfrac{1}{2} : \tfrac{1}{3} \qquad x : z :: \tfrac{1}{2} : \tfrac{2}{5}$$

ou bien

$$x : \tfrac{1}{2} :: y : \tfrac{1}{3} \qquad x : \tfrac{1}{2} :: z : \tfrac{2}{5}$$

et comme les deux rapports $y : \tfrac{1}{3}$, $z : \tfrac{2}{5}$ sont égaux au rapport $x : \tfrac{1}{2}$, ils sont donc égaux entre eux. D'où il suit qu'on aura la suite de rapports égaux

$$x : \tfrac{1}{2} :: y : \tfrac{1}{3} :: z : \tfrac{2}{5}$$

d'où l'on tire, § 205 :

$$x + y + z : \tfrac{1}{2} + \tfrac{1}{3} + \tfrac{2}{5} :: x : \tfrac{1}{2} :: y : \tfrac{1}{3} :: z : \tfrac{2}{5}$$

et comme $x + y + z = 259$; que $\tfrac{1}{2} + \tfrac{1}{3} + \tfrac{2}{5} = \tfrac{37}{30}$, on aura $259 : \tfrac{37}{30} :: x : \tfrac{1}{2}$ ou $:: y : \tfrac{1}{3}$ ou $:: z : \tfrac{2}{5}$ ce qui fournit trois proportions d'où l'on tire

$$x = \frac{259 \times \tfrac{1}{2}}{\tfrac{37}{30}}; \quad y = \frac{259 \times \tfrac{1}{3}}{\tfrac{37}{30}}; \quad z = \frac{259 \times \tfrac{2}{5}}{\tfrac{37}{30}};$$

réduisant, $x = 105$; $y = 70$; $z = 84$.

219. *Partager le nombre 85 en trois parties telles que la seconde soit les $\tfrac{2}{3}$ de la première et les $\tfrac{4}{7}$ de la troisième.* — Désignant par x, y et z les trois parties, on doit avoir $y = \tfrac{2}{3} x$ et $y = \tfrac{4}{7} z$, ou $y : x :: 2 : 3$ et $y : z :: 4 : 7$ changeant les moyens de place,

$$y : 2 :: x : 3 \qquad y : 4 :: z : 7$$

Pour ramener la question à la précédente, il faut avoir un rapport commun, et pour cela il suffit de rendre égaux les premiers conséquents de chaque proportion; on y parviendra aisément, en général, en les multipliant tous deux l'un par l'autre, pourvu qu'on multiplie également les deux autres conséquents, § 193. Mais ici on y parvient plus simplement, en remarquant qu'il suffit de multiplier les conséquents de la première proportion par 2. Il viendra alors :

$$y : 4 :: x : 6 \qquad y : 4 :: z : 7$$

d'où $\qquad y : 4 :: x : 6 :: z : 7$

et $\qquad x + y + z : 4 + 6 + 7 :: y : 4 :: x : 6 :: z : 7$

d'où $\qquad x = 30 \quad y = 20 \quad z = 35$;

en effet, $\qquad 20 = \frac{2}{3}\,30 \qquad$ et $20 = \frac{4}{7}\,35$.

220. *Trois personnes ont formé une société ; la première y a placé 18000 fr., la seconde 25000 fr., et la troisième 21000 fr. La société fait un bénéfice de 8000 fr. On demande celui de chaque associé, § 135.* — Désignons par x, y, z les bénéfices des trois associés. Ils devront être proportionnels aux mises; on aura donc

$$x : 18000 :: y : 25000 :: z : 21000$$

et le problème s'achèvera comme celui du § 218

$$x + y + z : 64000 :: x : 18000 :: y : 25000 :: z : 21000$$
$$\text{ou } 8000 : 64000 :: x : 18000 :: y : 25000 :: z : 21000$$

d'où $\qquad x = 2250 ; y = 3125 ; z = 2625.$

221. *Trois personnes forment une société ; la première y place 12000 fr. qui restent 5 mois, la seconde 15000 fr. qui restent 7 mois, et la troisième 33000 fr. qui restent 3 mois. La société fait un bénéfice de 11000 fr. On demande celui de chaque associé, § 136.* — La première partie de cette question sera résolue comme au § 136 ; la seconde comme au paragraphe précédent.

On dira : 12000 fr. restant pendant 5 mois doivent donner le même bénéfice que 12000×5 fr. pendant 1 mois. 15000 fr. pendant 7 mois donneront le même bénéfice que 15000×7 fr. pendant 1 mois ; et 33000 fr. pendant 3 mois le même bénéfice que 33000×3 fr. pendant 1 mois. Il faudra donc partager 11000 en trois parties proportionnelles à 60000, 105000 et 99000, ce qui donne

$$x = 2500 ; \qquad y = 4375 ; \qquad z = 4125.$$

222. *On demande l'intérêt d'une somme de 23645 fr. placée à 6 pour 100 par an pendant 4 ans, § 138.* — Toutes les questions sur l'intérêt de l'argent peuvent se résoudre à l'aide des proportions.

Dans la question que nous venons de poser, il y aurait deux proportions à établir, mais il faudra faire en sorte de n'en poser qu'une, et l'on y parviendra de la manière suivante :

Si 100 fr. rapportent 6 fr. par an, ils rapporteront 24 fr. en 4 ans ; une somme double, triple, quadruple... rapporterait deux fois, trois fois, quatre fois... la somme **24**. Donc il y a rapport direct entre les sommes placées et les sommes rapportées.

De là la proportion :

$$100 : 23645 :: 24 : x \quad \text{d'où } x = 5674 \text{ f., } 80$$

223. *On demande l'intérêt de* 42612^{f},50 *à* 6 *pour* 100 *pendant* 2 *ans et* 7 *mois,* § 139, *et quelle est la valeur de la somme placée au bout de ce temps.* — 2 ans et 7 mois valent $\frac{31}{12}$ d'année. Ce problème sera donc résolu comme le précédent :

$$100 : 42612,50 :: \tfrac{31}{12} . 6 : x$$

ou § 206, $1200 : 42612,50 :: 31 . 6 : x = 6604$ f., 94.
Il est évident que pour avoir la valeur de la somme placée au bout de ce temps, il suffit d'ajouter à cette somme son intérêt, ce qui donne 49217^{f},44.

224. *On demande le capital qu'il faut placer à* 5 *pour* 100 *pendant* 5 *ans et* 3 *mois pour qu'il rapporte au bout de ce temps* 2436 *fr.,* § 141. — 3 ans et 5 mois valent $\frac{41}{12}$ d'année, et puisque 100 fr. rapportent 5 fr. en un an, en $\frac{41}{12}$ d'année, ils rapporteront $\frac{41}{12} \times 5$ ou $\frac{205}{12}$. Or, s'il faut placer 100 fr. pour avoir $\frac{205}{12}$ fr. d'intérêt, pour obtenir un intérêt deux fois, trois fois... plus grand, il faudra donc placer une somme deux fois, trois fois... plus grande que 100 fr. La règle de trois est donc directe, et nous aurons :

$$\tfrac{205}{12} : 2436 :: 100 : x ; \quad x = \frac{1200 \times 2436}{205} = 14259^{f},51.$$

225. *On demande pendant combien de temps il faut placer une somme de* 34911 *fr. à* 5 *pour* 100, *pour qu'elle rapporte* 2327^{f},49 *d'intérêt,* § 142. — Nous emploierons, pour résoudre ce problème, la marche du paragraphe **216**, et nous poserons la question ainsi :

100 fr. rapportent 5 fr. en un an.

34911 fr. rapporteront 2327^f,40 en x années.

Nous supposerons d'abord qu'il ne s'agit que de la somme 100 fr., et nous dirons : 100 fr. rapportent 5 fr. en un an. Combien mettront-ils d'années pour rapporter 2327^f,40 ? Le nombre d'années est directement proportionnel à l'intérêt rapporté, et l'on aura :

$$5 : 2327,40 : : 1 : x'.$$

Puis nous dirons : 100 fr. mettent x' années pour rapporter une certaine somme ; combien faudra-t-il d'années à 34911 fr. pour rapporter la même somme? *Plus* la somme est grande, *moins* il faudra de temps : la règle de trois est inverse. Donc :

$$34911 : 100 : : x' : x ;$$

multipliant ces proportions terme à terme :

$$5.34911 : 100.2327,40 : : 1 : x ; x = \frac{100 . 2327,40}{5 . 34911} = 1 \text{ an } 4 \text{ mois.}$$

226. *On demande à quel taux il faut placer une somme de 30080 fr. pour qu'elle rapporte 4512 fr. d'intérêt au bout de trois ans,* § 143. — On a à résoudre cette question :

30080 fr. ayant rapporté 4512 fr. en 3 ans,

    100 fr. rapporteront x en 1 an.

On serait conduit au raisonnement suivant :

30080 f. ayant rapporté 4512 en un certain temps, 3 ans,

    100 f. auront. . . x' dans le même temps ; le rapport est direct.

    x' est une somme rapportée par 100 f. en 2 ans.

    x sera la somme. . . . . . en 1 an ; le rapport est direct.

d'où $30080 : 100 : : 4512 : x'$

$$3 : 1 : : x' : x ;$$

multipliant terme à terme :

$$3 . 30080 : 100 : : 4512 : x ; x = 5.$$

L'argent était donc placé à 5 pour 100.

227. *Escompter une somme de 8901, payable dans 7 mois, le taux étant de 6 pour 100,* § 150. — L'escompte en dehors, § 148, étant le seul admis dans le commerce, nous

ne parlerons que de l'escompte en dedans. Or nous avons vu, § 151, que escompter une somme ce n'était que chercher l'intérêt de la somme due. Le problème de ce paragraphe pourra donc se résoudre comme celui du § 223.

$$100 : 8901 :: \tfrac{7}{12} . 6 : x; \quad x = 311,535.$$

En général, les problèmes que l'on pourra se proposer sur l'escompte reviendront à ceux que nous avons résolus sur la règle d'intérêt.

228. *Formules algébriques à l'aide desquelles on peut résoudre tous les problèmes sur l'intérêt simple de l'argent.* — Dans les problèmes précédents sur l'intérêt de l'argent, nous avons été forcés de faire un raisonnement particulier pour arriver à la solution de chacun d'eux. L'algèbre a cet avantage sur l'arithmétique de pouvoir offrir des résultats qui embrassent toutes les questions que l'on peut se proposer sur les mêmes sujets. Par exemple, nous pouvons aisément trouver la formule qui donne le moyen de traiter toutes les questions d'intérêt simple.

Soit a une somme placée maintenant, n le nombre d'années, entier ou fractionnaire pendant lequel elle doit être placée, et i l'intérêt de 1 fr. pendant un an. Soit enfin A la valeur de la somme a au bout des n années.

Pour établir la relation algébrique qui lie ces quantités entre elles, nous dirons : Si i est l'intérêt de 1 fr. pendant 1 an, son intérêt pendant n années sera in; et si in est l'intérêt de 1 fr. pendant n années, l'intérêt de la somme placée a sera égal à ain. Cet intérêt se joignant à la somme placée a pour former la somme A, on aura la relation $A = a + ain$; ou, mettant a en facteur commun,

$$A = a (1 + in). \quad . \quad . \quad . \quad . \quad (1).$$

S'il n'est question que de l'intérêt d'une somme a au bout de n années, sans qu'on parle de la somme A, en appelant I l'intérêt de a au bout de n années, dont la valeur est ain, on aura ainsi :

$$I = ain. \quad . \quad . \quad . \quad . \quad (2).$$

L'équation (2) renferme quatre quantités a, I, i, n. Trois de ces quantités étant données, on pourra déterminer la quatrième, car on tire de cette équation :

$$I = ain \,;\; a = \frac{I}{in} \,;\; n = \frac{I}{ai} \,;\; i = \frac{I}{an}.$$

La première valeur ferait résoudre immédiatement les problèmes des §§ 138 et 139, ou 222 et 223.

La seconde valeur ferait résoudre le problème du § 141 ou 224.

La troisième valeur ferait résoudre le problème du § 142 ou 225.

La quatrième valeur ferait résoudre le problème du § 143 ou 226.

On aurait :

$$I = 42612,50 \times 0,06 \times \tfrac{31}{12} = 6604\,\text{f.},94 \;:\; a = \frac{2436}{0,06 \times \tfrac{41}{12}} = 14259\text{f},51$$

$$n = \frac{2327,40}{34911 \times 0,05} = 1 \text{ an } 4 \text{ mois} \;;\; i = \frac{4512}{30080 \times 3} = 0,05.$$

Lorsqu'on introduit dans les questions la somme A, qui est ce que devient la somme a au bout du temps n, on emploie alors l'équation (1) ; et comme cette équation contient aussi quatre quantités A, a, i, n, on peut se proposer quatre problèmes différents, dont les énoncés ne seront que la traduction en langage ordinaire des résultats suivants :

$$A = a\,(1 + in)\,;\; a = \frac{A}{1 + in} \,;\; n = \frac{A - a}{ai} \,;\; i = \frac{A - a}{an}.$$

Les énoncés de ces questions sont :

Trouver ce que devient une somme a *placée pendant un temps* n *à raison de* i *fr. par an.*

Trouver la somme qu'il faut placer actuellement pour qu'elle devienne égale à une somme donnée A, *au bout de* n *années, à* i *fr. d'intérêt annuel pour 1 fr.*

Trouver le nombre d'années pendant lequel il faut placer une somme donnée a *pour qu'elle devienne égale à une autre somme donnée* A, *à* i *fr. pour 1 fr. d'intérêt annuel.*

Trouver le taux de l'intérêt auquel on a placé une somme donnée a et qui est devenue A au bout de n années.

Ces quatre questions pourraient encore se résoudre, soit par les procédés de la première partie, soit par les proportions.

Les élèves s'exerceront au calcul sur les exemples suivants :

Pour la recherche de A, soit $a = 5325^f,25$; $n = 3$ ans 7 mois ; $i = 0,065$. On doit trouver $A = 6565^f,59$.

Pour la recherche de a, soit $A = 9430^f,29$; $n = 1$ an 9 mois ; $i = 0,06$. On doit trouver $a = 8534^f,20$.

Pour la recherche de n, soit $A = 2399^f,51$; $a = 2345^f,75$; $i = 0,055$. On doit trouver $n = 5$ mois.

Pour la recherche de i, soit $A = 1894^f$; $a = 1824^f,30$; $n = 7$ mois. On doit trouver $i = 0,0655$.

TABLE

DES MATIÈRES CONTENUES DANS CE VOLUME.

PREMIÈRE PARTIE.

NUMÉRATION DES NOMBRES ENTIERS ET DES NOMBRES DÉCIMAUX.

PROPRIÉTÉS GÉNÉRALES DES NOMBRES.

DES FRACTIONS.

FRACTIONS CONTINUES.

DEUXIÈME PARTIE.

RACINE CARRÉE.

RAPPORTS ET PROPORTIONS.

PROBLÈMES.

FIN DE LA TABLE.

PARIS. — TYPOGRAPHIE HENNUYER ET FILS, RUE DU BOULEVARD, 7.

EXTRAIT DU CATALOGUE

DE LA LIBRAIRIE DES INGÉNIEURS CIVILS

Eugène LACROIX, Éditeur

15, quai Malaquais

ADHÉMAR (le comte A. d'), ingénieur civil. Traité pratique de la *construction des chemins de fer à chevaux*, tramways ou *chemins de fer américains*. In-8, 112 p., avec bois dans le texte et 1 pl. in-fol. 4 fr.

Aérostat dirigeable, par le comte T. de la G... In-8, 28 p., 3 pl. 2 fr. 50

Album de papier quadrillé pour plan. In-8 oblong cartonné. 2 fr. 50

ALCAN (Michel), ingénieur civil, professeur au Conservatoire des arts et métiers, etc. Essai sur l'*industrie des matières textiles*, comprenant le travail complet du *coton*, du *lin*, des *laines*, du *cachemire*, de la *soie*, du *caoutchouc*, etc. Second tirage, augmenté de la classification et de la notation caractéristique des tissus, etc. 1 vol. in-8, 804 p., 89 bois dans le texte et un atlas de 36 pl. in-4 double. 32 fr.

ANDREWURE (D.-M.). *De la fabrication du coton, de la laine, du lin et de la soie*, avec la description des diverses machines employées dans les ateliers anglais ; traduit sous les yeux de l'auteur, et augmenté d'un chapitre inédit sur l'industrie cotonnière française, etc. 1 vol. in-12 en deux parties, 755 p. avec bois dans le texte et 2 pl. 8 fr.

Annales du Conservatoire impérial des arts et métiers. Recueil de Mémoires et d'Observations sur les sciences, l'industrie et l'agriculture, publié par les professeurs du Conservatoire, M. Ch. Laboulaye, directeur de la publication.

Les *Annales du Conservatoire* paraissent tous les trois mois depuis le 1er juillet 1860, par fascicules de 10 à 15 feuilles, avec bois dans dans le texte, et des planches gravées sur cuivre.

Le prix de l'abonnement est de 16 francs par an pour toute la France.

Annales du Génie civil. Recueil de mémoires sur les mathématiques pures et appliquées, les ponts et chaussées, les routes et chemins de fer, les constructions et la navigation maritime et fluviale, l'architecture, les mines, la métallurgie, la chimie, la physique, les arts mécaniques, l'économie industrielle, le génie rural ; revue de l'industrie française et étrangère, publié par une réunion d'ingénieurs, d'architectes, de professeurs et d'anciens élèves de l'Ecole centrale et des écoles d'arts et métiers, avec le concours d'ingénieurs et de savants étrangers.

Les *Annales du Génie civil* paraissent mensuellement depuis le 1er janvier 1862 par brochures de 3 à 4 feuilles grand in-8º, avec figures, et 3 ou 4 planches in-4º, de manière à former chaque année un volume d'environ 800 pages et un atlas de 40 planches.

Le prix de l'abonnement est de 20 francs par an pour toute la France.

ARCET (J.-P.-J. d'), membre de l'Institut et du Conseil de salubrité. Collection de mémoires relatifs à l'*assainissement des ateliers, des édifices publics et des habitations particulières*, etc., mis en ordre par Ph. Grouvelle, ingénieur civil. 1 vol. in-4, 326 p., et atlas in-4 de 27 pl. 15 fr.

— *Latrines modèles* construites sous un colombier, ventilées au moyen|de la chaleur des pigeons, et servant à la préparation de l'engrais. Broch. in-4, 12 p. avec une pl.　　　　　　　　　　　　　　　　2 fr. 50

ARMENGAUD frères, ingénieurs civils. *L'industrie des chemins de fer,* ou Dessins et descriptions des principales machines locomotives, des fourgons d'approvisionnements (tenders), waggons de transport et de terrassement, voitures, diligences, rails, supports, plates-formes mobiles, aiguilles, machines, accessoires, etc., en usage sur les routes de fer de France, d'Angleterre, d'Allemagne et de Belgique, etc., etc., publiée sous les auspices de M. le ministre du commerce et des travaux publics. 1 vol. in-4, 175 p. avec un atlas de 40 pl. demi-grand aigle.　　　　　　　　　　　　　　　　30 fr.

AUDIBERT. Aux ouvriers mécaniciens. Tableau pratique pour la *racine carrée et la racine cubique* de tous les nombres, servant au praticien pour parcourir tous les ouvrages spéciaux qui circulent en France sur la construction et le calcul des machines à vapeur, roues hydrauliques, etc.; suivi de nombreuses applications à la construction. In-8, 64 p. et un tableau.　　　　　　　　　　　　　　　　1 fr. 50

BARBOT (Ch.), ancien joaillier. *Traité complet des pierres précieuses,* contenant leur étude chimique et minéralogique, les moyens de les reconnaître sûrement, leur valeur approximative et raisonnée, leur emploi, la description des plus extraordinaires, et des chefs-d'œuvre anciens et modernes auxquels elles ont concouru.
Ouvrage indispensable aux lapidaires, joailliers, bijoutiers, orfévres-artistes, négociants en pierreries, minéralogistes, antiquaires, amateurs, gens du monde, etc. 1 vol. in-18, 568 p. et 3 pl. comprenant 178 figures, représentant les diamants les plus célèbres de l'Inde, du Brésil et de l'Europe, bruts et taillés, et les dimensions exactes des brillants et roses en rapport avec leur poids, depuis un carat jusqu'à cent carats.　　　　　　　　　　　　　　　　7 fr.
Les planches seules en un grand tableau in-folio.　　　　　5 fr.

BARDIN. *Cours de dessin industriel,* choix d'exercices à l'usage des élèves des écoles primaires supérieures, des classes de dessin industriel d'apprentis et d'adultes, des écoles professionnelles, etc.
　　1re Partie, *Géométrie graphique,* 10 pl. in-fol. avec texte en regard.　　　　　　　　　　　　　　　　2 fr. 50
　　2e Partie, *Étude géométrique des solides,* 20 pl. in-fol. avec texte en regard.　　　　　　　　　　　　　　　　5 fr.

BENOIT (P.-M.-N.), ex-professeur de topographie et de géodésie à l'Ecole d'application d'état-major, ancien élève de l'Ecole polytechnique, etc. *Cours complet de topographie et de géodésie.* Traité des levers à la planchette, à la boussole et au goniomètre, précédé de généralités sur les descriptions graphiques des corps et du globe terrestre en particulier. 1 vol. in-8, 495 p. et 12 pl.　　　　　　　7 fr. 50
Bibliographie des ingénieurs et des architectes, des chefs d'usines industrielles et d'exploitations agricoles, et des élèves des Ecoles polytechnique et professionnelles. Publication trimestrielle, donnant la liste des ouvrages récents publiés en France et en Belgique, sur *les sciences, l'industrie, l'architecture, les beaux-arts, l'agriculture,* etc. 2e série, 1857 à 1861 ; 5 années, 1 vol. in-8 de 186 pages, avec table raisonnée des matières et table alphabétique des noms d'auteurs. 3e édition, 1863.　　　　　　　　　　　　　　　　3 fr.

Cette publication se continue trimestriellement. Prix de chaque numéro. 25 c.

La première série, comprenant les ouvrages remarquables publiés avant 1857 et ayant encore une valeur scientifique, est sous presse. Cette partie formera un volume d'environ 600 pages. Prix, pour les souscripteurs. 40 fr.

Le premier fascicule, lettres A à G, est publié.

BOILEAU (P.), commandant d'artillerie. *Instruction pratique sur les scieries*, contenant : l'étude et les valeurs de la résistance des matériaux à l'action de l'outil ; des considérations théoriques, des résultats d'expériences et des règles pratiques pour la détermination des proportions et des vitesses des différentes parties des mécanismes, etc. 2ᵉ édition, 1 vol. in-8, 408 p., 4 pl. in-fol. 5 fr.

BOLAND (A.), ancien boulanger. *Traité pratique de boulangerie*. 1 vol. in-8, 412 p. et 1 pl. 5 fr.

BONA CHRISTAVE (D.), officier de la marine impériale. Considérations *chimique et pratique sur la combustion du charbon*, et sur les moyens de prévenir la fumée, traduit de l'anglais de C.-W. Williams, publié sous les auspices de Son Exc. l'amiral Hamelin, ministre de la marine, avec l'autorisation de l'auteur. 1 vol. in-8, 320 p. avec bois dans le texte. 7 fr.

BOUCHERIE. Mémoire sur la *conservation des bois*. In-8, 39 p. 2 fr.

BOUNICEAU, ancien élève de l'École polytechnique, ingénieur des ponts et chaussées. *Études sur la navigation des rivières à marées*, et la conquête des lais et relais de leur embouchure. 1 vol. in-8, 304 p. 7 fr. 50

BRÉART (E.), capitaine de frégate. *Manuel du gréement et de la manœuvre*, pour servir au brevet de capitaine au long cours et de maître au cabotage, suivi de notes utiles à tous les marins. 1 vol. grand in-8 de 338 pages et un atlas grand in-8 de 16 pl. 10 fr.
Ouvrage publié avec l'autorisation de Son Exc. le ministre de la marine.
— 2ᵉ partie. Brochure in-8. 3 fr.

BRETON aîné. Nouveau *Guide forestier*, ou Moyen d'obtenir un quart en sus des produits des propriétés boisées en France et en Belgique. 2ᵉ édition. 1 vol. in-18, 200 p. 2 fr.

BRETON DE CHAMP (P.), ingénieur des ponts et chaussées. *Description des courbes à plusieurs centres*, d'après le procédé de Perronnet, tableau numérique et instruction pratique pour déterminer facilement tous les éléments de l'épure ; exposé des conditions générales qui régissent les courbes applicables au tracé de voûtes, etc. Broch. in-4, 63 p. et 1 pl. 5 fr.

BRYAS (le marquis Ch. de). *Études pratiques sur l'art de dessécher*. 3ᵉ édition, entièrement revue et corrigée, considérablement augmentée de documents recueillis en France et à l'étranger. In-16, 200 p. 3 fr.

Bulletin de la Société industrielle d'Amiens, paraissant tous les deux mois. Prix de l'abonnement à l'année. 10 fr.

BURAT (J.). *Aperçu statistique sur la production et la consommation de la houille en France. Annales du Conservatoire*, 2ᵉ année, n° 5. 5 fr.

Calculs faits, à l'usage des industriels. Édition complétement refondue des Calculs faits de Lenoir, par Vinot, professeur de mathématiques. 1 vol. in-18 de 204 p. ou tableaux. 3 fr.
Cartonné. 4 fr.

CASTRO (Manuel-Fernandez de), ingénieur en chef de première classe

du corps royal des mines d'Espagne. *L'Electricité et les chemins de
fer*, description et examen de tous les systèmes proposés pour éviter
les accidents sur les chemins de fer, au moyen de l'électricité, pré-
cédés d'un résumé historique élémentaire de cette science et de ses
principales applications ; publié par ordre du gouvernement espagnol.
2 vol. in-8, 1457 p., ornés de 351 bois intercalés dans le texte.   16 fr.

CAVOS (Albert), architecte au service de l'empereur de Russie, membre
de l'Académie impériale des beaux-arts de Saint-Pétersbourg, etc., etc.
Traité de la construction des théâtres, ouvrage contenant toutes les
observations pratiques sur cette partie de l'architecture. 1 vol. in 8,
212 p. et atlas in-folio de 25 pl. gr. in-folio.   35 fr.

Le même ouvrage, avec l'*Architectonographie des théâtres* de Kaufmann, formant ensemble 3 vol. in-8 et 3 atlas in-fol.   90 fr.

CERCLET (A.), membre de la commission administrative des chemins de
fer. *Code des chemins de fer*, ou Recueil complet des lois, ordonnances,
cahiers des charges, statuts, actes de société, règlements et arrêtés
concernant l'établissement, l'administration, la police et l'exploita-
tion des chemins de fer. 1 vol. in 8, 636 p.   8 fr.

CERFBERR DE MEDELSHEIM (A.). *De l'état actuel de la métallurgie en
Europe*. — Houille. — Bois. — Industrie métallurgique. — Fonte.
— Fer. — Plomb. — Zinc. — Machines. — Armes, etc. 1 vol. in-8,
447 p.   6 fr.

CHALLETON (F.), de Brughat, ingénieur. *De la tourbe*. Étude sur les
combustibles employés dans l'industrie. Nouveau tirage augmenté
d'un appendice. *Études sur le coke*, au point de vue de son emploi
dans les machines locomotives ; précédé de la Carbonisation du bois
suivie en Chine. 1 vol. in-8, 500 p.   7 fr. 50

— *L'art du Briquetier*. 1 vol. in-8, 556 p., et atlas in-8 de 32 pl. doubles.
   7 fr. 50

CHAUMONT (L.) et PETIT-COLIN, anciens élèves de M. Leblanc et du
Conservatoire des arts et métiers. *Portefeuille des principaux appareils*, machines, instruments et outils employés actuellement dans les
différents genres de l'industrie française et étrangère et dans l'agriculture, dessiné et gravé par MM. Petit-Colin et L. Chaumont, anciens
élèves de M. Leblanc et premiers prix du Conservatoire des arts et métiers ; ouvrage utile à tous les ingénieurs, aux constructeurs et propriétaires de machines et à tous les élèves des écoles professionnelles.
1. vol. de texte in-fol. oblong et un atlas in-fol. de 88 pl. gravées sur
cuivre.   40 fr.

CHOIMET (N.), directeur de filature. Éléments théoriques et pratiques de
la *filature du lin et du chanvre*. 1 vol. in-8 rempli de tableaux, 448 p.
et 1 pl.   10 fr.

CLATER (Francis), médecin vétérinaire de Newark et de Bedford, etc.
Le Chasseur médecin, ou Traité complet sur les *maladies des chiens*,
à l'usage des chasseurs, des fermiers, des bergers, et généralement de
toutes les personnes qui ont des chiens ; traduit de l'anglais sur la
27e édition, augmentée d'une méthode pour dresser les chiens de
chasse. 3e édition entièrement revue et complétée par Mariot-Didieux,
vétérinaire à la garde de Paris. 1 vol. in-18.   2 fr.

CLEGG (Samuel). *Traité pratique de la fabrication et de la distribution
du gaz d'éclairage et de chauffage*. Traduit de l'anglais et annoté par
Ed. SERVIER, ingénieur civil, sous-chef du service des usines de la
Compagnie parisienne d'éclairage et de chauffage par le gaz. 1 vol.
in-4, 303 p. avec nombreux bois dans le texte et atlas de 28 pl. 40 fr.

CORNET (Germain), ingénieur, ancien élève de l'Ecole centrale des arts et manufactures, répétiteur à cette Ecole. *Album des chemins de fer*. Résumé graphique (destiné à être lavé par les élèves) du cours professé par M. Auguste Perdonnet, aux élèves de l'Ecole centrale des arts et manufactures. 1 vol. in-8° oblong, de 78 planches. 3e édition.
  Broché.   6 fr.
  Cartonné.   8 fr.

COUSINERY, ingénieur en chef des ponts et chaussées. Essai d'un programme d'expériences applicables au *propulseur hélicoïde*, exclusivement envisagé sous le rapport des formes diverses qu'il importe de comparer entre elles. Broch. in-8, 31 p. et 1 pl.   1 fr. 50

CRONIER (P.). Précis sur *les chemins de fer en France*. Moyens financiers d'achever sans retard l'établissement du réseau, de raffermir le crédit, de garantir les intérêts compromis dans les opérations des chemins de fer. — Examen de la partie économique de l'administration de ces chemins. — Répertoire des matières législatives et administratives des nouvelles voies de communication, etc. 1 vol. in-8, 648 p.   5 fr.

DALLOT (Auguste). *Ponts métalliques*. Description du pont de l'Escaut à Audenarde (chemin de fer, Hainaut et Flandre) renfermant une méthode nouvelle pour le calcul et la construction des arcs. In-8, 47 p., 4 pl.   6 fr.

DELAMARCHE (A.). *Eléments de télégraphie sous-marine*. Première partie : route à suivre; construction du câble, difficultés électriques; construction du câble, difficultés mécaniques; émission du câble. — Deuxième partie : pose du câble transatlantique entre l'Irlande et Terre-Neuve. Broch. grand in-8 de 83 p.   2 fr.

DEMANET (A.), lieutenant-colonel du génie. *Cours de construction* professé à l'Ecole militaire de Bruxelles. Connaissance et emploi des matériaux, théorie des constructions, établissement des fondations, application et économie des travaux, et entretien. 2 vol gr. in-8, ensemble 1108 p. et tableaux, avec un atlas in-folio de 60 pl.   70 fr.

DESSOYE (J.-B.-J.), manufacturier. Etudes théoriques et pratiques sur les *propriétés et l'emploi de l'acier*; avec une introduction et des notes par Ed. Grateau, ingénieur civil des mines. 1 vol. in-18, 311 p.   4 fr.

Dictionnaire encyclopédique usuel, ou Résumé de tous les dictionnaires historiques, biographiques, géographiques, mythologiques, scientifiques, artistiques et technologiques, et Répertoire universel et abrégé de toutes les connaissances humaines, contenant la matière de 50 volumes in-8 ordinaires, et présentant la définition exacte et précise de quarante mille mots; publié sous la direction de Ch. Saint-Laurent. 2 vol. grand in-8 à 3 colonnes, VI-1487 p. 4e édition.   25 fr.

DUMAS (J.). *La Science des fontaines*, ou Moyen sûr et facile de *créer partout des sources d'eau potable*. 2e édit. revue et corrigée. 1 vol. in-8. 447 p. et 12 pl.   10 fr.

DUMONT (Adrien), avocat, et A. DUMONT, ingénieur des ponts et chaussées. *De l'organisation légale des cours d'eau* sous le triple point de vue de l'endiguement, de l'irrigation et du desséchement, ou *Traité des endiguements*, des alluvions naturelles et artificielles, des irrigations, de l'organisation et des attributions des syndicats, des concessions d'eau, des desséchements des marais et des terrains submergés, avec la jurisprudence, suivi d'un résumé de la législation lombarde. 1 vol. in-8, 536 p. 8 fr.

DUREAU (B.). *De la fabrication du sucre de betterave* dans ses rapports avec l'agriculture et l'alimentation publique : avec des considérations sur la partie économique et la législation de cette industrie. 2e édit., augmentée d'un appendice. 1 vol. in-8, 288 p. 5 fr.

ETZEL (C.), ingénieur. Notices sur les *dispositions des grands chantiers de terrassement*, observées dans les travaux exécutés en Angleterre et en France. Broch. in-4, 48 p., avec atlas de 26 pl. sur demi-grand aigle. 15 fr.

Tous les dessins sont cotés dans toutes leurs parties.

Exposition universelle. Travaux de la commission. 8 volumes, savoir :

Tome Ier. — *Forces productrices des nations concurrentes* depuis 1800 jusqu'à 1851, par le baron Dupin. 2 vol. in-8, ensemble 2340 p. 15 fr.

Tome II. — *Sous presse.*

Tome III, en 3 vol. in-8. 1er vol. — *Machines motrices et moyens locomoteurs*, par le général Morin. — *Voitures*, par M. Arnoux. — *Machines et outils des arts divers*, par le général Poncelet, 618 p. — 2e vol. *Machines et outils appropriés aux arts textiles*, par le général Poncelet. — *Génie civil, architecture, combinaisons et appareils relatifs aux constructions*, par Combes, de l'Institut, 555 p. — 3e vol. *Arts de la guerre et de la marine*, par le baron Dupin. — *Arts agricoles*, par Moll. — *Arts mathématiques*, par Matthieu. — *Arts chirurgicaux*, par le baron Dupin. — *Horlogerie*, par le baron Séguier. — *Musique*, par Berlioz. — *Photographie, électro-télégraphie*, par l'abbé Moigno, 597 p. Prix des trois volumes. 30 fr.

Tome IV. — *Cotons*, par sir J. Anderson. — *Lainages*, par le docteur V. Hermann. — *Soieries*, par G.-T. Kemp. — *Lins et chanvres*, par le comte V. Harrach. — *Cachemires*, par C.-V. Hocgaerden, 458 p. 5 fr.

Tome V. — *Cuirs et peaux, fourrures, harnais et selleries, plumes, crins et cheveux*, par Fauler. — *Imprimerie, librairie, papeterie*, et industries auxiliaires, par A.-F. Didot. — *Impressions et teintures*, par Persoz. — *Blondes, tulles et broderies*, par F. Aubry. — *Tapisseries et tapis* des manufactures impériales, par Chevreul. — *Tissus appliqués aux arts vestiaires*, par Bernoville, 600 p. 5 fr.

Tome VI. — *Coutellerie et outils d'acier*, par F. Le Play. — *Ouvrages en fer, en acier, en cuivre, en bronze, en zinc*, par Goldenberg. — Industrie des *métaux précieux*, par le duc de Luynes. — *Verres et cristaux*, par Péligot. — *Arts céramiques*, par Ebelmen et Salvetat, 692 p. 7 fr. 50

Tome VII. — *Papiers de tentures, meubles, savons, bougies, parfumeries*, par Wolowski. — *Matériaux de construction*, etc., par Gourlier. — *Matières appropriées à l'industrie*, par Balard. — *Objets de parure et de fantaisie*, par N. Rondo, 534 p. 5 fr.

Tome VIII. — *Application des arts à l'industrie*, par le comte de Laborde, 1039 p. 10 fr.

FAIVRE (M.), conducteur des ponts et chaussées. Table du tracé des *courbes de raccordement*. In-8, 90 p. et 1 pl. 3 fr.

FLACHAT (Eug.). De la *traversée des Alpes* par un chemin de fer. Dévo-

loppements. — Etude de passage par le Simplon. In-8, xv-295 p. et
4 pl.   5 fr.

BARRAULT (A.) et PETIET (J.), ingénieurs. *Traité de la fabrication de
la fonte et du fer*, envisagée sous les trois rapports chimique, mécanique et commercial. 1re partie : Fabrication de la fonte ; 2e partie :
Fabrication du fer ; 3e partie : Examen statistique et commercial,
3 vol. in-4, ensemble 1439 p. avec atlas grand in-folio de 92 pl.
dont 6 doubles.   200 fr.

FRESENIUS (R.) et WILL (H.), docteurs. Nouvelle Méthode pour reconnaître et pour déterminer le titre véritable et la valeur commerciale *des potasses, des soudes, des cendres, des acides, des manganèses*, avec 9 tables de détermination. Traduit de l'allemand par le docteur G.-W. Bichou. 1 vol. in-18, 164 p. avec bois dans le texte et
tableaux.   2 fr. 50

GANTILLON (C.-E.). Traité complet sur la *fabrication des étoffes de
soie*, analysée degrés par degrés dans toutes les phases où la soie a
passé depuis son origine jusqu'à son entière exécution en étoffe fabriquée ; suivi d'un grand nombre de tableaux pour mettre les soies
à la teinture et faire les prix de revient dans tous les titres, dans tous
les comptes et dans toutes les teintures connues. 1 vol. in-4, 262 p.
de texte, tableaux et formules 1859.   10 fr.

GARNIER (J.), professeur de chimie, etc. *Précis élémentaire de chimie*,
ouvrage mis à la portée des gens du monde, des collèges et des institutions, contenant les principes de cette science et leur application
aux arts et aux questions usuelles de la vie ; suivi d'une série de
PROBLÈMES avec leur solution, de la SYNONYMIE chimique et d'un VOCABULAIRE de chimie, de la description des APPAREILS et de la nomenclature des RÉACTIFS nécessaires, etc. 1 vol. in-12, 304 p. avec bois dans
le texte et pl.   2 fr.

GAUDRY (J.), ingénieur au chemin de fer de l'Est. Instruction pratique sur la construction, l'emploi et la *conduite des machines agricoles* en général, et des machines à vapeur rurales en particulier.
1 vol. in-18, 100 p. et bois dans le texte.   1 fr. 75

GÉRADON (J.-B. de). *Code des campagnards*, ou Explication et conseils
aux propriétaires, fermiers et habitants des campagnes pour la direction de leurs intérêts et l'administration de leurs propriétés. In-12
de 226 p.   2 fr.

GONFREVILLE (D.), élève de la manufacture des Gobelins. *Art de la
teinture des laines*, en toison, en fil et en tissus, contenant : 1° une
Notice sur chacun des agents chimiques et sur chacune des substances colorantes ; 2° les procédés anciens et modernes, les plus simples
et les meilleurs pour la teinture des laines de toutes couleurs : grand
teint, bon teint, faux teint ; 3° trois classes de formules relatives à
ces trois divisions des procédés de cet art ; 4° un nouveau procédé
de coloration au moyen de quelques nouvelles substances métalliques et de quelques substances végétales de l'Inde, de la Chine, etc. ;
5° un article sur des ustensiles et manœuvres, etc. 1 vol. in-8, 700 p.
avec atlas de 128 échantillons de couleurs différentes avec formules.
                                                                   15 fr.

GOODWIN, médecin vétérinaire. *Guide du vétérinaire et du maréchal
ferrant*, pour le ferrage des chevaux et le traitement des pieds mala-

des, traduit de l'anglais par M. Berger, vétérinaire. 1 vol. in-12, 244 p.
et 3 pl.   3 fr.

GRAEFF, ingénieur en chef des ponts et chaussées. *Construction des
canaux et des chemins de fer.* Travaux exécutés dans les Vosges, au
chemin de fer de Paris à Strasbourg, et au canal de la Marne au Rhin,
analyse détaillée et classement méthodique des dépenses faites pour
ces travaux. 1 vol. in-8, 371 p., atlas de 6 pl. in-fol.   15 fr.

GUETTIER (A.), ingénieur, directeur d'usines métallurgiques. *De la
fonderie* telle qu'elle existe aujourd'hui en France, et de ses *applications à l'industrie.* Nouveau tirage de la 2° édition, augmenté d'un
appendice où sont traitées les questions suivantes : Résistance de la
fonte, — Propriété du retrait, — Minerais, — Combustibles, emploi
des gaz, — Machines soufflantes, régulateurs et monte-charges, —
Hauts fourneaux et appareils à air chaud, — Ventilateurs et cubi-
lots, — Alliages, — Moulages, — Matériel et organisation des fon-
deries, etc., etc. 1 vol. in-4, 393 p. et 13 pl. in-fol.   15 fr.
— *De l'emploi pratique et raisonné de la fonte de fer dans les constructions.* Recueil d'expériences, d'études et d'observations pratiques
adressé aux ingénieurs, aux architectes, aux conducteurs et à toutes
les personnes appelées à se servir de la fonte. 1 vol. de 550 p. in-8
et 1 atlas de 24 pl. in-4.   30 fr.

HAMET. *Cours pratique d'apiculture* (culture des abeilles), professé au
jardin du Luxembourg. 1 vol. in-18, 295 p. et fig.   3 fr.

HUGUES (E.-G.), ingénieur civil. *Tables* donnant en mètres cubes les
volumes *de terrassements* dans les déblais et remblais des chemins
de fer, canaux, routes, etc., accompagnées d'un Traité pratique sur
les calculs des terrassements et d'une instruction sur l'usage de ces
tables. 1 vol. in-4, avec de très-grands tableaux et plusieurs planches.
                                                                       10 fr.

JULLIEN (A.). Traité théorique et pratique de la *construction des machines à vapeur* fixes, locomotives, locomobiles et marines, à l'usage
des ingénieurs, mécaniciens, constructeurs, etc., et des élèves des
Écoles spéciales, comprenant l'examen technique des matériaux de
construction, la composition, l'exécution et les devis de ces moteurs
pour les divers genres, espèces, systèmes et forces connues. 2° édition, revue, corrigée et augmentée. 1 vol. in-4, 583 p. avec bois
dans le texte, et atlas de 48 pl. doubles, gravées à l'échelle.   35 fr.

KAUFMANN (J.-A.), architecte. *Architectonographie des théâtres,* ou
Parallèle historique et critique de ces édifices, considéré sous le rapport de l'architecture et de la décoration ; commencé par Alexis Don-
net et Orgiazzi, et continué par Kaufmann.
    Deux parties, 2 vol. in-8, ensemble 730 p., et 2 atlas in-fol., 70 pl.
                                                                       70 fr.
Le même ouvrage, avec Cavos. *Traité de la construction des théâtres.*
                                                                       90 fr.

KÆPPELIN (D.), chimiste, directeur de fabriques d'impression sur
étoffes. *Fabrication des tissus imprimés.* 1re partie, *Impression des
étoffes de soie.* 1 vol. in-8, 148 p. avec échantillons et 1 pl. 10 fr.

KIELMANN (C.-E.). *Du drainage.* Résultats d'observations et d'expériences pratiques, publiés à l'usage des cultivateurs français. 1 vol.
in-18, 104 p. avec bois dans le texte.   1 fr. 50

KNAB (C.), ingénieur civil. *Sept Tableaux peints,* d'une grande dimension (échelle de 1/2 à 1/5 de grandeur naturelle), destinés à l'enseignement :

Machine à vapeur de Watt. — Différentes *machines à élever l'eau,* pompes, vis d'Archimède, bélier hydraulique. — *Presse hydraulique* avec sa pompe et tous ses accessoires. — *Moteurs hydrauliques,* roue en dessus, en dessous, etc. — *Turbine.* — Coupe d'une *locomotive.* — Élévation d'une locomotive.

    Chaque tableau se vend séparément.   12 fr.

    Verni, collé sur toile et muni de rouleaux noirs en bois.   25 fr.

    Cette collection est complétée par *deux autres Tableaux* de machines à vapeur marines. (Voir Ortolan.)

LABOULAYE (Ch.). *Dictionnaire des arts et manufactures, de l'agriculture, des mines,* etc. Description des procédés de l'industrie française et étrangère, par une réunion d'ingénieurs, de professeurs et de chimistes, publiée sous la direction de M. Ch. Laboulaye, ancien élève de l'École polytechnique. 2e édition. Ouvrage formant 4 tomes ou 2 très-forts vol. in-4, ensemble 2500 p. illustrées de 3000 gravures sur bois dans le texte, représentant les machines et appareils employés dans l'industrie.   60 fr.

    Le même, en 2 volumes, demi-reliure en chagrin, et toile sur plat.   68 fr.

— *Complément du Dictionnaire des arts et manufactures.* Tableau des progrès récents de l'industrie, révélés par les dernières Expositions universelles. Ouvrage indispensable aux acquéreurs du Dictionnaire des arts et manufactures. Un fort volume à 2 colonnes, illustré de 600 grandes gravures sur bois, renfermant la matière de 10 vol. in-8 ordinaires.   35 fr.

Cette dernière partie ne se vend pas séparément.

— *Guide du Mécanicien. Traité de cinématique,* ou Théorie des mécanismes. 1 fort vol. in-8, 666 p., renfermant 800 gravures sur bois.   15 fr.

LACROIX (Eugène). *Bibliographie des ingénieurs, des architectes et des agriculteurs.* 2e série, 1857 à 1861. 1 vol. in-8. 3e édition.   3 fr.

LANDRIN (H.) fils, ingénieur civil. *Traité de l'acier.* Théorie, métallurgie, travail pratique, propriétés et usages. 1 vol. in-18 jésus, 320 p.   5 fr.

LECHATELIER. *Études sur la stabilité* des machines locomotives en mouvement. In-8, avec pl.   3 fr. 50

LE SENNE (N.-M.), avocat. *Code des brevets d'invention,* dessins et marques de fabrique ou de commerce en France et à l'étranger, renfermant le commentaire de la loi française sur les brevets ; le texte de cette loi avec les instructions ministérielles ; le texte, avec un sommaire de la législation sur les dessins de fabrique ; le texte, avec un sommaire de la *nouvelle loi* française sur les marques de fabrique ou de commerce ; le texte, avec sommaire, de toutes les lois étrangères connues sur les brevets et les marques. 1 vol. in-8, 368 p.   5 fr.

LIEBIG (J.). *Introduction à l'étude de la chimie,* contenant les principes généraux de cette science, les proportions chimiques, la théorie atomique, etc., accompagnée de considérations détaillées sur les acides, les bases et les sels, traduit de l'allemand par Ch. Gerhardt. 1 vol. in-12, 248 p.   2 fr.

LOVE (G.-N.), ingénieur civil. Des diverses *résistances et autres pro-*

priétés de la fonte, du fer et de l'acier, et de l'emploi de ces métaux dans les constructions. 1 vol. in-8, 394 p. et 2 tabl. avec bois dans le texte. 8 fr. 50

LUNEL (A.-B.), docteur lauréat de plusieurs académies et sociétés savantes. 1000 *Procédés industriels, formules, recettes*, dictionnaire universel de secrets d'une application sûre et facile, présentant, en outre, les procédés de conservation de toutes les substances alimentaires. 3e édition contenant près de 2000 procédés. 1 vol. in-8. 10 fr.

— *Aide-Mémoire d'histoire naturelle* pour l'étude des animaux destinés à l'acclimatation, la naturalisation et la domestication, précédé de considérations générales sur les climats, de l'exposé des diverses classifications d'histoire naturelle, etc. 1 vol. in-18, 180 p. et bois dans le texte. 10 fr.

Cet ouvrage peut servir de guide aux visiteurs des Jardins zoologique et d'acclimatation.

LUTTERBACH, professeur de médecine naturelle spontanée. *Statique pour ne plus boiter* et pour régler toute espèce de marche. 1 vol. in-18, 72 p. 1 fr. 25.

— *Science nouvelle* pour entretenir la beauté ou améliorer les traits du visage. 1 vol. in-18, 60 p. 1 fr.

— Moyens naturels pour entretenir la *chaleur aux pieds et aux mains*. In-18, 36 p. 50 c.

— *Révolution dans la marche*, ou Moyens naturels pour ne pas se fatiguer en marchant. 1 vol. in-12, 707 p. 5 fr.

— Nouveaux principes pour *marcher bien d'aplomb*. In-18, 36 p. 75 c.

MALAGUTI (M.-F.). *Cours de chimie agricole*, professé en 1857, 1858, 1859, 1860, 1861, à la Faculté des sciences de Rennes. Chaque année. 1 fr.

MANGEOT (H.), arquebusier de S. M. le roi des Belges. *Traité du fusil de chasse*, et moyens d'en améliorer la portée, le fini et la durée, suivis de la manière d'éviter les accidents. 1 vol. in-8, 519 p. avec bois dans le texte. 5 fr.

MAREAU (Théod.), ancien représentant. *Culture et préparation du lin et des chanvres en Belgique, en Hollande, en Angleterre*, etc., comprenant la description des divers procédés ruraux, chimiques ou mécaniques en usage dans ces différents pays ; la description et l'appréciation des meilleurs procédés nouvellement proposés ; le compte rendu d'expériences faites sur la culture, le rouissage, le broyage, le teillage et le blanchiment du lin ; des détails sur le flax-coton, et un aperçu géologique des terrains employés à la culture du lin en France. 1 vol. gr. in-8, 389 p., bois dans le texte, 21 pl. in-fol., et 1 carte statistique de la culture du lin et du chanvre en France. 15 fr.

MARIOT-DIDIEUX. *Education lucrative des poules*, ou Traité raisonné de gallinoculture. 1 vol. in-18, 530 p. 3 fr. 50

— *Guide de l'éducateur de lapins*, ou Traité de la race cuniculine, suivi de l'Art de mégisser leurs peaux et d'en confectionner des fourrures. 2e édition. Grand in-18, 465 p. 1 fr. 75

— *Le Chasseur médecin*, ou Traité complet sur les maladies du chien, par Francis Clater, vétérinaire anglais. Traduit de l'anglais sur la 27e édition. 3e édition française, corrigée et augmentée par Mariot-Didieux, vétérinaire en premier, attaché aux remontes de l'armée. In-12, vii-189 p. 2 fr.

MATHIAS (F.) et CALLON, ingénieurs, anciens élèves de l'Ecole centrale, etc. *Etudes sur la navigation fluviale par la vapeur*. 1 vol. in-8, 305 p., avec 1 tableau et 1 pl.   6 fr.

MATHIAS (F.), ingénieur. *Etudes sur les machines locomotives* de Scharp et Roberts comparées à celles d'autres constructeurs, avec des développements sur la théorie de la distribution de la vapeur, et sur l'application de la détente fixe et variable. 1 vol. in-8, 280 p. et 1 pl., accompagné d'un atlas grand in-fol. de 11 pl.   25 fr.

Mémoires et compte rendu des travaux de la Société des ingénieurs civils, fondée le 4 mars 1848.
Prix de l'abonnement annuel.   20 fr.
   La 17e année, 1864, est en cours de publication.

MERAULT (A.-J.). *L'Art du Jardinier* dans la culture des arbres fruitiers et des plantes potagères, suivi d'une Table alphabétique des noms botaniques et vulgaires des arbres fruitiers et des plantes potagères. 1 vol. in-18, 500 p.   2 fr. 50

Métallurgie pratique. Exposition détaillée des divers procédés employés pour obtenir les *métaux utiles*, pour l'essai, la préparation et le traitement des minerais. 1 vol. in-12, 247 p. et 8 pl.   3 fr.

Meunerie. Construction des moulins de Saint-Maur. — Turbines de Fourneyron. — Machines de Miles-Berry à nettoyer les grains. — Broch. in-8, 47 p. avec 10 pl. grand in-fol.   10 fr.

MIÉGE (B.), ancien professeur, directeur des stations des lignes télégraphiques. Notions élémentaires de *physique et de chimie*. 1 vol. in-12, 239 p., orné de 150 grav. sur bois.   2 fr. 50

— Vade-mecum pratique de *télégraphie électrique*, à l'usage des employés des lignes télégraphiques, suivi du programme des connaissances exigées pour être admis au surnumérariat dans l'administration des lignes télégraphiques. 2e édition, 1 vol. in-18, 120 p. avec bois dans le texte.   2 fr. 50

MOLINOS (L.) et C. PRONNIER, ingénieurs civils, anciens élèves de l'Ecole centrale. Traité théorique et pratique de *la construction des ponts métalliques*. 1 vol. in-4, 540 p. avec gravures dans le texte, et un grand atlas de 48 demi feuilles grand aigle.   125 fr.

MULAT, instituteur. *Traité de géométrie pratique*, précédé du système métrique des poids et mesures, et suivi des règles de trois, d'intérêt et d'escompte, avec un grand nombre de modèles d'actes sous seing privé, à l'usage des écoles primaires, des cultivateurs et des ouvriers de toutes les professions. In-12, 143 p. et 4 pl.   1 fr. 25

MULDER (G.-J.), professeur de chimie à l'Université d'Utrecht. *De la Bière*, sa composition chimique, sa fabrication, son emploi comme boisson, traduit du hollandais avec le concours de l'auteur, par Auguste Delondre, ancien préparateur de chimie au Muséum d'histoire naturelle de Paris. 1 vol. in-12, 444 p.   5 fr.

OLIVIER (J.). *Traité de magnétisme*, suivi des paroles d'un somnambule et d'un recueil de traitements magnétiques. 1 vol. in-8, 521 p.
                                                                      9 fr.

OLIVIER (T.), ancien élève de l'Ecole polytechnique. *De la cause du déraillement des waggons* sur les courbes des chemins de fer. Broch. in-8, 92 p. et 2 pl. in-4.   2 fr. 50

OMALIUS D'HALLOY (Dr J.-J.). *Des races humaines*, ou Eléments d'ethnographie. 4e édition. 1 vol. in-18 jésus, 128 p. et 1 pl.. 2 fr. 50

OPPERMANN (C.-A.), ancien ingénieur des ponts et chaussées. *Nouvelles Annales d'agriculture*. Revue des fermes impériales, organe de la Compagnie des constructions rurales économiques, de la Compagnie générale du drainage et de la Société d'acclimatation, destinées aux agriculteurs, propriétaires, présidents et membres des comices agricoles, maires, instituteurs primaires. *Publication économique* de dessins et de documents agricoles. 50 à 60 planches grand format, avec 12 livraisons de texte, paraissant depuis le 1er janvier 1859. Prix de l'abonnement : 15 fr. par an pour Paris.

17 fr. pour les départements et l'Algérie.

ORTOLAN (A.), mécanicien principal de la marine impériale, professeur à l'Ecole impériale navale de Brest. *Traité élémentaire des machines à vapeur marines*, rédigé d'après le programme du concours pour le brevet de capitaine au long cours et de maître au cabotage. 3e édition, augmentée de notions générales sur la manœuvre des bâtiments à vapeur. 1 vol. grand in-8, 496 p. avec bois dans le texte et tableaux, accompagné d'un atlas de 19 pl. in-4, avec légendes explicatives. 12 fr.

Ouvrage approuvé par Son Exc. le ministre de la marine.

— *Questionnaire* pour le programme du concours au cabotage, ou Complément du traité des machines marines. Broch. in-8, 32 p. 1 fr.

— Note sur les *cuisines et appareils distillatoires* et les caisses à eau à bord des navires à vapeur, suivie des lois et décrets concernant lesdits bâtiments. Broch. in-18, 49 p. avec fig. 2 fr.

— *Etudes des machines à vapeur marines*, d'après son traité élémentaire. Deux tableaux de très-grande dimension pour l'enseignement (1 mètre sur 1 mètre 25 c.), accompagnés chacun d'une légende descriptive et explicative : 1er tableau, machine à balancier ; 2e tableau, machine à hélice à connexion et à mouvement direct. Chaque tableau en noir, 12 fr. ; en couleur, 17 fr. ; en couleur, verni, collé sur toile avec rouleaux. 25 fr.

— *Code de l'acheteur, du vendeur et du conducteur de machines à vapeur*. 1 vol. in-8, 274 p. et pl. 5 fr.

ORTOLAN, LOTTE et LACARRIÈRE, premiers maîtres mécaniciens de la marine impériale. *Cours de machines à vapeur appliquées à la navigation*, à l'usage des mécaniciens de la marine militaire et de la marine marchande. Grand in-8, xii-344 p. avec atlas de 11 pl. et légendes explicatives. 10 fr.

Papier quadrillé de 2 en 2 millimètres, adopté par les ingénieurs et par les Compagnies de chemins de fer. Chaque carnet, in-8, cart. en toile. 2 fr. 50

Par main, jésus collé. 6 fr.

PAULET (M.), chimiste. *L'engrais humain*. Histoire des applications de ce produit à l'agriculture et aux arts industriels, avec description des plus anciens procédés de vidanges, et des nouvelles réformes dans l'intérêt de l'hygiène. 2e édition, 1 vol. in-8, 416 p. 6 fr.

PÉCLET (E.), *Traité de l'éclairage*. 1 vol. in-8, 324 p. et 10 pl. in-4 sur papier. 7 fr.

Paris. — Typographie HENNUYER ET FILS, rue du Boulevard, 7.

AUTRES PUBLICATIONS DE LA MAISON EUGÈNE LACROIX

ANNUAIRE, ou Recueils des travaux des anciens élèves des Écoles d'arts et métiers. Cette publication paraît annuellement depuis 1848. Elle forme 1 vol. par an, d'environ 460 p., avec figures dans le texte et planches. .... 5 fr.

La 18e année, 1865, est en vente. Quelques volumes n'existent plus (1848, 1849, 1850, et 1855). Ils seront prochainement réimprimés.

ANNALES du Génie civil, recueil de mémoires sur les mathématiques pures et appliquées, les ponts et chaussées, les routes et chemins de fer, les constructions et la navigation maritime et fluviale, l'architecture, les mines, la métallurgie, la chimie, la physique, les arts mécaniques, l'économie industrielle, le Génie rural, revue de l'industrie française et étrangère, des brevets, etc., etc.; publié par une réunion d'ingénieurs, d'architectes, de professeurs et d'anciens élèves de l'Ecole centrale et des Ecoles d'arts et métiers, avec le concours d'ingénieurs et de savants étrangers.

Les *Annales du Génie civil* paraissent mensuellement, depuis le 1er janvier 1862, en cahiers de 4 à 5 feuilles, avec bois dans le texte et 3 ou 4 planches in-4°; elles forment, à la fin de chaque année, 1 volume d'environ 900 p. gr. in-8° et 1 atlas d'environ 40 pl. in-4°.

Le prix de l'abonnement est de 20 francs par an.

Les numéros séparés, 3 francs.

Les années écoulées, 25 francs chacune.

MÉMOIRES et comptes rendus des travaux de la Société des Ingénieurs civils. Cette publication paraît trimestriellement depuis le mois de mars 1848, par numéro de 10 à 12 feuilles de texte avec figures et planches.

Prix de l'abonnement à l'année courante et de chacune des années écoulées, pour toute la France. .... 20 fr.

Pour l'étranger. .... 25 fr.

Prix des numéros séparés pour toute la France. .... 7 fr.

— pour l'étranger. .... 9 fr.

PORTEFEUILLE des Conducteurs des ponts et chaussées et des Gardes-Mines. Mémoires, notes et documents pratiques relatifs aux constructions en général, accompagnés de nombreuses planches d'ensemble et de détail. Statistique; prix de revient, etc.

Il paraît par an une série formée de 10 numéros. Chaque numéro se compose de 4 pages de texte in-fol. à deux colonnes et de 4 pl. de même format.

La 5e série (1864) est en cours de publication.

Prix de l'abonnement annuel et des séries parues.

Paris, 15 francs; province, 18 francs; étranger, 22 francs.

Paris. — Typographie Hennuyer et fils, rue du Boulevard, 7.